陈斌 顾问

高卫 丁华锋 章文伟 李育佳 李兴华 俞寿云 著

小凯的火星计划

THE MARS PROJECT OF KAI

出版社

图书在版编目（CIP）数据

小凯的火星计划 / 高卫等著 . -- 南京 : 南京大学出版社 , 2022.12

ISBN 978-7-305-26151-0

Ⅰ . ①小… Ⅱ . ①高… Ⅲ . ①火星探测 - 青少年读物 Ⅳ . ① P185.3-49

中国版本图书馆 CIP 数据核字（2022）第 169854 号

出版发行　南京大学出版社
社　　址　南京市汉口路22号　　邮　编　210093
出 版 人　金鑫荣

书　　名　小凯的火星计划
顾　　问　陈　斌
著　　者　高　卫　丁华锋　章文伟　李育佳　李兴华　俞寿云
责任编辑　甄海龙　　编辑电话　025-83595840

照　　排　南京新华丰制版有限公司
印　　刷　南京凯德印刷有限公司
开　　本　880mm × 1230mm　1/16　印张16.25　字数450千
版　　次　2022年12月第1版　2022年12月第1次印刷
ISBN　978-7-305-26151-0

定　　价　98.00元
网　　址：http://www.njupco.com
官方微博：http://weibo.com/njupco
微信服务号：njuyuexue
销售咨询热线：（025）83594756

序

习近平总书记在党的二十大报告中明确提出，“实施科教兴国战略，强化现代化建设人才支撑”，对新时期教育改革发展作出系统部署。激发青少年好奇心、想象力、探求欲，培育具备科学家潜质的青少年对于我国实施科教兴国战略具有重要意义。

中小学阶段是学生科学素养形成的决定性阶段。如何让青少年从小对科学感兴趣，树立求真创新的科学精神，是教育工作者一直研究的课题。

近年来，我国航天事业的发展让世人惊叹！太空行走、天宫团圆、玉兔登月、祝融登火、北斗工程、空间实验室……为世人呈现了一幅幅波澜壮阔的飞天画卷！我国航天事业的蓬勃发展吸引了广大青少年的目光。天宫课堂更是圈粉无数，引发了众多青少年对于航天科技的兴趣。

航天工程是一个综合工程，涉及的学科众多。天宫课堂的“太空教师”们把高深的知识讲解得生动有趣，通俗易懂，受到广泛好评，也让人们认识到，航天科技虽然高深，但是许多与之相关的知识通过深入浅出的讲解并辅以精心准备的实验，也是可以被青少年朋友所理解的。也正是由于航天科技涉及的学科面广，非常适合开拓青少年的视野，培养青少年的科学兴趣。

为了向青少年传播科学知识、培养科学兴趣、动手能力、观察能力、思考能力，创作团队精心创作了《小凯的火星计划》。

创作团队中既有教学经验丰富的中小学一线老师，也有长期从事教学和科研工作的高校教师，他们把诸多的科学知识贯穿于小凯从参加火星训练营到登陆火星以及在火星基地学习生活的整个过程中，用青少年易于接受的方式讲解了十几个学科几百个知识点。本书构思巧妙、架构合理、内容丰富，各个知识点有机结合而不生硬，用故事、对话的形式呈现知识，语言生动，讲解通俗易懂，风格诙谐风趣。更为重要的是，在实施火星计划的整个过程中，还体现出小主人公勇于探索、百折不挠、乐于奉献的科学精神……这是成长为创新人才必须具备的基本素养！

全书分为六章，共计56节。每节包含“开启课堂”、“科学情报”，多数章节还设计有“实验基地”。“开启课堂”为本节的主要内容，“科学情报”为补充知识点，“实验基地”是与本节重要知识点相关的实验。

科学教育不仅要展现事实和规律、传授技能，更要培养学生的创造力，培养发现问题并解决问题的能力。这不可能完全依靠被动的教学方法实现。

而采用“做”科学的方法，立足于实验的主动学习模式能有效地激发读者的兴趣，把新知识与现实世界联系起来，提高读者的自信心和进行科学探究的多方面能力，比如观察、测量、归类、分析以及预测等能力。

因此创作团队在“实验基地”部分精心设计了几十个相关的实验，读者可以按照指导用不太复杂的器材，甚至大部分都是生活中易得的物品，亲自实践，在实践中获得知识，体验科学的魅力和快乐。

本书作为广大中小学生和社会公众的科普读物，不仅可以传播科学知识、弘扬科学思想和科学精神，更为广大青少年读者深入了解我国在航空航天领域取得的成就提供了一份宝贵的资料，可以增强民族自信、文化自信，具有重要的科普价值和社会效益。

相信读者在紧张刺激的故事中，不仅能收获知识和快乐，还能激发内心深处的好奇心，播下科学的种子。

潘毅

南京大学教授，原副校长

前 言

激发青少年好奇心、想象力、探求欲，培育具备科学家潜质的青少年对于我国实施科教兴国战略具有重要意义。

航天技术的发展产生了大量的技术突破，拓宽了科技研究的前沿领域。同时，许多技术也应用于日常生活，给人们带来诸多益处。中国航天事业起步虽然较晚，但是进展迅速。我国航天事业的蓬勃发展引起了国人的广泛关注，尤其是吸引了众多青少年的兴趣。“天宫课堂”的成功证明航天科技虽然高深，但是其中有很多知识也可以为青少年所理解，而且航天科技需要应用到众多学科的知识，这非常适合青少年的科学教育。

本书以向青少年传播科学知识，培养科学兴趣、动手能力、观察能力、思考能力为目的，通过一位中国小学生——小凯从参加火星训练营直到登陆火星、在火星基地学习和生活的故事，介绍了航空航天、天文、人类探索火星的历史、物理、化学、生物、生态科学、生命科学、现代农业、材料科学、能源科学、地质科学、物联网、智慧城市、计算机科学、机器人、3D 打印、建筑、环境、人体科学、中医等多个领域的科学内容。

本书分为六章，共 56 节。第一章地球生命“朋友圈”。地球是目前宇宙中已知的唯一有生物生存的星球，只有了解地球生命圈才能为以后移民火星做好准备。第二章火星奥秘知多少。火星是离太阳第四近的行星，是太阳系里四颗类地行星之一。古人很早就注意到这颗星星，赋予了它很多传说。随着科技的进步，人类对火星的了解也越来越多。第三章飞向火星的日子。紧张而又刺激的火星之旅开始了。队员们在飞往火星的途中会遇到什么困难？他们又是如何解决的呢？第四章火星舱里那些事。火星是人类理想的第二家园，如何构建和谐的火星生态成了团队成员们讨论的重要话题。第五章入住火星先遣站。终于抵达火星，火星先遣站已经初具规模。在这里可以通过一些实验和探索，建立人类移民火星所必需的基础设施，为人类最终建立火星城市提供经验和依据。第六章开发火星新城市。未来当人类大规模移民火星之后，会在火星上建立火星城市，那么未来的火星城市会是什么样的呢？

每节包含“开启课堂”、“科学情报”，根据内容需要多数章节还设计有“实验基地”。“开启课堂”为本节的主要内容，“科学情报”为补充知识点，“实验基地”是与本节重要知识点相关的实验。

科学教育不仅要展现事实和规律、传授技能，更要培养学生的好奇心和创造性，培养具有发现问题并独立解决问题能力的人。科学是主动的过程，不可能完全用被动的教学方法实现上述目标。研究表明，学生主动参与科学实践，通过切身体验学习科学知识是一个非常好的途径，因此我们精心设计了相关的实验。实验所用的材料大多是生活中常见的物品。设计的实验综合调动读者的观察、测量、计算、分析、预测等能力。此外，某些实验的步骤并不是很具体，这要求读者通过思考，自己设计并完成实验，锻炼其探究科学的能力。

我们鼓励读者摆脱和超越书本，敢于质疑，提出新奇的设想。在做实验之前要谋定而后动，仔细思考，列出详细步骤和方案。实验中，要学会收集相关信息，记录实验数据，得到实验数据之后要学会分析。如果实验不成功，也不要气馁，要仔细思考，分析原因，改进条件。即使实验成功了，也可以尝试改变条件，看看有什么不同。

尽管我们已经仔细检查过，保证实验设计方案安全，但实验过程中具有不可预见性，仍可能有一定的危险性，请读者做好个人防护，提前做好防范预案。未成年人应当在成年人陪伴下做实验。切记：在任何情况下，绝对禁止单人从事任何有危险的实验或者活动，家长亦应切实负责保护孩子的安全。

本书由高卫、丁华锋、章文伟、李育佳、李兴华、俞寿云编写，陈斌作为顾问，张宏丹绘制插画，谢思涵设计封面。在本书的编写过程中参阅了多个网站的资料，借此机会向其作者表示衷心的感谢！

本书在编写过程中南京大学化学化工学院潘毅教授为本书作序，南京大学出版社甄海龙编辑提出了宝贵的修改意见，南京大学出版社高效地完成了编辑工作，在此一并表示衷心的感谢！

本书受到江苏科普创作出版扶持计划项目支持和资助。特此感谢！

由于科学技术发展迅速，新技术层出不穷，加之编者水平有限，书中难免有疏漏和不妥之处，欢迎广大读者批评指正！

日期：2034 年 9 月

地点：中国南京

人物：小凯（8 岁，一个聪明、敢于探究和冒险的小男孩，小学 1 年级 3 班，班级科学课代表，爱好：化学、天文、生物）

胖球（3 岁，球形机器人，是小凯的好朋友，火星时代科技公司出品的高科技产品，具有软件自动升级功能，大脑中存储有丰富的知识，是一个标准的“万事通”，是妈妈送给小凯的礼物）

高博士（58 岁，一位长着花白胡子的老爷爷，未来学院火星研究基地负责人，拥有非常渊博的知识，曾经成功登陆火星并进行多项科学研究，训练的时候一丝不苟，但在平时却非常的和蔼可亲）

葛老师（32 岁，小学科学老师，她总是能够做到对同学们有问必答，是一位靓丽、阳光的女教师，深受同学们的爱戴）

目 录

火星舱里那些事 / 121

入住火星先遣站 / 175

未来火星城市 / 233

地球生命“朋友圈”

地球是目前宇宙中唯一已知的有生物生存的地方。我们所熟知的生物圈是指地球上凡是出现并感受到生命活动影响的地区。它是地表有机体包括微生物及其自下而上环境的总称，是行星地球特有的圈层，地球生命是人类诞生和生存的基础，只有了解它才能为以后移民火星做好准备。

1 火星训练营招新啦

时空记录

地点：学校

天气：晴空万里 19℃

开启课堂

早晨，小凯乘坐无人驾驶公交车来到了学校，走进美丽的校园，发现同学们围在校园信息公告栏前面在观看着什么，他凑近一看，原来是一张“火星训练营”的招生海报。

自古以来，天上的群星就被人们所遥望和向往。无数人在深夜企盼，幻想着天上的故事——一个有序的神仙世界，奔月逐日的神话，七夕银河的浪漫爱情故事。然而，我们已经知道天上并没有神仙，人类最终还是凭借自己的力量走出地球奔赴太空。火星荧荧似火，行踪捉摸不定。古时候的人们更是直接给它赐名“荧惑”。这颗让人好奇和迷惑的星球不仅美丽、迷人，还充满了未知。

我国的航天事业已经取得了举世瞩目的成就，月球永久基地已经建成并稳定运行多年。我们已经在火星建立了永久基地，定期发射地球—火星飞船。

2040 年将选拔首批 5 名少年航天员登陆火星开展科学考察。

会是你吗？

训练内容：第一期：地球生态之植物

第二期：地球生态之动物

第三期：太空舱之植物种植

第四期：太空舱之动物饲养

第五期：建造火星基地

第六期：未来火星城市

招募对象：8–12 岁学生

训练时间：周六上午 8：00–11：00

训练地点：未来学院火星研究基地

联 系 人：科学葛老师

原来，自中国实现载人登陆火星以来，火星基地已经建立并安全运行了 15 年。现在为了扩大基地规模，需要招募一批少年到基地生活，希望他们以孩子的视角提出对未来火星基地建设的意见。

此次选拔以自愿报名、择优录取的形式在全国开展。因为小凯学校的科学教育非常有特色，这里也作为一个选拔学校。

作为科学课代表的小凯非常兴奋，他找到科学葛老师要求报名。

葛老师：“小凯，你还需要学习许许多多的科学知识，并且经过体能训练、航天训练、野外生存训练等层层选拔，通过一次又一次的考验才能入选哦，你有信心吗？”

小凯：“嗯，葛老师，我能行！”

小凯的爸爸是一位工程师，妈妈是中学老师。回到家，小凯把报名“火星训练营”的想法告诉了爸爸和妈妈，爸爸看着小凯说：“我也收到学校的通知了，虽然现在去火星已经比较容易了，但是要去火星还是要经过一系列艰苦的训练，而且老师说去火星的时间要好几个月，你能承受吗？”

小凯说：“爸爸，你不是经常教育我要不怕困难吗？我能经受住！”

爸爸说：“好样的！爸爸支持你！”

小凯平时就爱好科学，也积累了一些天文知识，吃过饭后，小凯就问爸爸关于火星的知识。开始爸爸还能回答，到后来有些问题爸爸也回答不出了，爸爸就说：“小凯，爸爸很高兴你能提出这么多问题，好多问题爸爸也回答不了，不如我们用电脑到网上搜索吧？”

“好啊！好啊！”小凯迫不及待地说。

科学情报

情报一 火星是一颗什么样的行星

火星是太阳系中由中心往外数的第四颗行星，属于类地行星。它的直径相当于地球的一半，自转轴倾角、自转周期与地球相近，但是公转周期却是地球的两倍。火星与地球相比十分寒冷，表面大部分地区是沙漠，遍布沙丘、砾石，没有稳定的液态水。以二氧化碳为主要成分的大气既稀薄又寒冷，沙尘悬浮其中，每年常有尘暴发生。与地球相比，火星地质活动不活跃。

情报二 火星的神秘

火星地表有密布的陨石坑、火山、峡谷，其中包括太阳系最高的山——奥林帕斯山（高 27000 米）和最大的峡谷——水手号峡谷（长 4500 公里）。另一个特征是南北半球的明显差别：南方是古老且遍布陨石坑的高地，北方则是较平坦的平原，两极有主要以水冰组成的极冠，而上覆的干冰会随季节消长。

情报三 为什么火星上有巨型火山？

火星比地球小，但是其上为什么会有巨型的火山呢？

这取决于两个因素：地壳构造和重力。

地壳构造非常重要，火星没有像地球一样相对移动的地壳板块。因此，当火山爆发时，火星地幔深处的熔岩会聚积在地壳上的一个地方从而堆得越来越高。

火星的重力较小，这让火山结构在达到平衡之前上升到更高的高度。

经过科学家计算，如果在地球上，奥林匹斯火山最多只有 9144 米高——这也很令人惊叹。但是在火星上，就产生了太阳系中最高的火山。

情报四 火星上会下雪吗?

火星自转轴的倾斜角度与地球大致相同，因此火星上也有类似于地球上的四季变化。但是，火星上的每个季节周期大约是地球上的两倍，因为火星绕太阳公转的时间是地球的两倍。火星的两极也有极夜——长时间的黑暗和极昼——长时间的连续白昼。极地地区非常寒冷，两极都有范围相对较小的永久地表冰川，称为永久极地冰盖。在极夜期间，气温很低，甚至能下降到 –128℃，在这样的低温下二氧化碳（火星大气中的主要气体）会冻结成为固体——干冰。干冰纷纷降落在火星表面，形成“雪”。这种“积雪”能形成 1 米厚的季节性干冰沉积物，覆盖在极地冰盖上。当春天来临时，这些干冰又会蒸发成为气体。

妈妈看着父子俩在电脑前面认真学习的样子，不由得微微一笑，然后说：“小凯，妈妈给你订购了一台最新式的智能机器人，很快就要到了。以后你学习起来就更方便了！”

小凯一听，不由得大呼：“太棒啦！谢谢妈妈！”

第二天，葛老师告诉小凯报名成功，但是还有许多未知的挑战在等待着他。

葛老师："火星是离太阳第四近的行星，也是太阳系中仅次于水星的第二小的行星，为太阳系里四颗类地行星之一。"

葛老师："想要登陆火星就要先了解它，请你完成第一个任务哦。"

小凯："我能向胖球寻求帮助吗？"

葛老师："胖球？他是谁？"

小凯："一个球形机器人，我最好的朋友，它最善于在互联网中搜索信息啦。"

葛老师："当然可以！"

1. 火星的外貌，请你画一画，或者贴一贴。

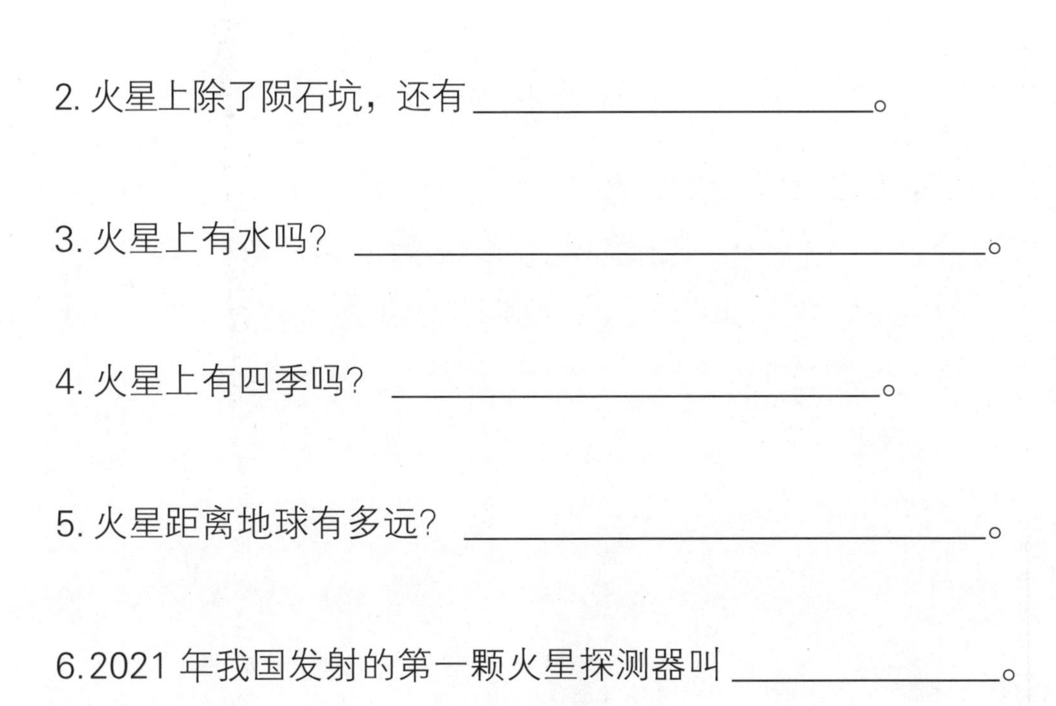

2. 火星上除了陨石坑，还有 ______________________。

3. 火星上有水吗？ ______________________________________。

4. 火星上有四季吗？ ____________________________。

5. 火星距离地球有多远？ ____________________________。

6. 2021 年我国发射的第一颗火星探测器叫 ______________。

2 神奇的向日葵

时空记录

地点：未来学院火星研究基地

天气：阵雨 19℃

这是小凯第一次走进火星训练营，这里真的太壮观啦。自机器人胖球来到以后，几乎是形影不离地跟着小凯。连胖球都不由得发出了感叹："好神奇的训练营啊"。和小凯一起参加训练营的共有 20 名同学，接待小凯一行的是一位和蔼可亲的白胡子老爷爷。

"大家好，我是高博士，是火星训练营的负责人，也是你们的考官，欢迎大家加入火星训练营"，白胡子老爷爷不紧不慢地说道。

"想要登陆火星首先要解决生存问题，我们来看看种植馆吧，植物会提供我们人类生存所必要的维生素"，高博士边说边领着大家走进了一个密闭的空间。一株株向日葵正在张开它们灿烂的"笑脸"上方绚丽的灯光照在向日葵的"笑脸"上，小凯觉得此时的向日葵异常漂亮。

"这种带着紫色光芒的类似阳光的灯非常了不起，它可以发出植物生长所需要的可见光"，花白胡子会随着他说话的动作一翘一翘的，高博士活像一个现实版的"爱因斯坦"。

小凯小声问胖球："灯在移动的时候它也跟着转动，为什么向日葵的笑脸总是朝着灯？"

胖球发出嘟嘟的搜索声说道："根据信息搜索，向日葵生长需要进行光合作用，所以才会不断移动面向光线"，胖球回答的声音有点大，干扰了高博士的讲解，他不好意思地眨眨眼表示歉意。

高博士说："是的，那什么是光合作用呢？"

科学情报

知识要点

光合作用是在可见光的照射下，植物、藻类和某些细菌经过光反应和暗反应，利用光合色素将二氧化碳和水转化为有机物，并释放出氧气的生化过程。

二氧化碳：CO_2　水：H_2O

光合色素是在光合作用中参与吸收、传递光能或引起原初光化学反应的物质。

光合作用产生什么?

实验准备：一盆绿萝、一张白纸、碘酒、小棉签

实验内容：选取绿萝的一片绿叶，一半正常放置在阳光下，另一半用白纸遮光。过一段时间后，用小棉签蘸取少许碘酒涂刷叶片。

观察报告：

____

____

探究一：植物为什么总是向上生长

目的

探究重力作用对植物生长的影响。

材料

一棵种在花盆里的植物、几本书。

步骤

①把几本书重叠堆在一起，然后把花盆斜靠在书上。

②一周以后，观察盆栽植物的茎和叶的方向。

③盆栽植物的茎和叶会朝上生长。

解释： 由于重力作用的影响，植物生长素会向下聚集，植物生长素浓度增高将促进细胞伸长，从而使茎向上弯曲。

探究二：植物也喜欢光线

目的

探究植物的趋光现象。

准备材料

一株盆栽植物。

步骤

①将盆栽植物在窗边放置 5 天。

②把盆栽植物的方向调转 180 度，再在窗边放置 5 天。

③植物的叶子会朝向窗口。改变盆栽植物的方向，3 天以后，叶子又会转向窗口。

解释： 植物体内含有能够帮助植物生长的植物生长素。植物生长素会在植物茎部背光的一侧聚集，所以背光一侧的茎部细胞会长得更快，茎就会朝向光线的方向弯曲。

哪来的氧气

时空记录

地点：未来学院火星研究基地

天气：阵雨 16℃

听高博士介绍完植物的光合作用后，小凯和胖球走出训练营来到了户外，小雨已经停了，空气经过小雨的洗涤显得尤为清新，小凯不由得深深吸了一口，他对胖球说道：“好舒服啊，你也来享受一下吧。”

“我们机器人和你们人类不一样哦，你们生存依靠的是呼吸氧气，我们只要有电能就可以生存”胖球嘟囔着说道。

“小凯，那我考考你，地球上的氧气是从哪里来的？地球刚诞生的时候有氧气吗？”胖球看着小凯有点想要为难他。

听了胖球的追问，小凯不禁得意地笑了起来：“这个可难不倒我，我们科学葛老师在课堂上说过，一开始的时候，地球上是没有氧气的，随着地球的演化一共经历了原始大气、次生大气和现在大气三代。”

“其中，原始大气的形成与星系的形成密切相关。超新星的每一次爆炸，都进一步使星系内增加更多的较重元素，使星际空间内既有大量气体（以氢、氦为主），又有固体微粒。同时，频繁的火山喷发所产生的气体成分和现代不同，以甲烷和氢为主，尚有一定量的氨和水，所以在次生大气中同样没有氧。

慢慢地，太阳紫外线辐射能穿透上层大气到达低空，把水汽分解为氢、氧两种元素。当一部分氢逸出大气后，多余的氧就留存在大气中，这时候地球的大气中才有了氧气，也就有了现代大气。”

胖球眨了眨大眼睛，敬佩地对小凯说：“你真厉害，回答的太棒啦！”

小凯没有理会胖球，若有所思地继续说道：“其实，现在的火星与地球一样，周围也笼罩着大气层，只不过火星大气层的主要成分是二氧化碳，其次是氮、氩以及少量的甲烷，和地球的次生大气时代比较类似呢。”

胖球也来了兴趣：“如果我们利用植物的光合作用，在火星上种植大量的地球植物，从而产生氧气，是不是就可以形成和地球一样的现代大气成分呢？”

“也许吧，但是也要综合考虑多种因素，譬如火星的土壤、温度等等”，小凯抬头望向天空，似乎想要看穿一切，但他知道未来还充满着许多挑战。

科学情报

知识要点

氧气是人类生存的必备条件，大气中氧气的含量约占21%，而且大气成分的形成也经过了几十亿年的演化。

小常识

火星生命证据

火星是否有生命存在，一直是科学家想解答的重要问题，其中甲烷被不只一次发现存在于火星表面及大气层，这被当成是火星上有生物的重要证据。

科学家根据化学知识认为，如果火星上有甲烷存在，这些甲烷不能产生很久，最多也不过是在几百年前形成。因此，这里必然有一个能够不断向火星大气提供甲烷的“源泉”，从而证实火星有生命的观点。这个“源泉”有三种可能：一是外来的小行星或彗星等碰撞火星带来甲烷；二是火星火山爆发喷出的；三是火星上微生物制造出来的。

探究一：蜡烛的燃烧

实验准备

一支蜡烛、一只平口水杯、打火机、一张白色 A4 纸。

实验内容

将蜡烛竖放在桌面上，用打火机将其点燃，在火焰上方20 厘米处放置白色 A4 纸，观察其表面变化。然后用平口水杯扣住蜡烛，观察其燃烧状态。

探究二：水中氧气工厂

准备材料

池塘里的水生植物、一个干净的广口玻璃瓶、水。

步骤

①在玻璃瓶中装适量自来水，等待1 小时左右，直到水温和室温一致。

②把水生植物放进玻璃瓶。

③把玻璃瓶放在阳光充足的地方。

观察现象

1–2 天后，水里出现了一些小气泡。

解释： 植物在光的作用下通过叶绿素将二氧化碳和水转化为有机物和氧气，这叫作“光合作用”。水生植物在水中进行光合作用，它们吸收了溶解在水里的二氧化碳后，再把氧气释放到水里。看到水里冒出氧气气泡时，你就知道水里的植物在进行光合作用。

4 绚丽的花朵

时空记录

地点：公园

天气：晴空万里 20℃

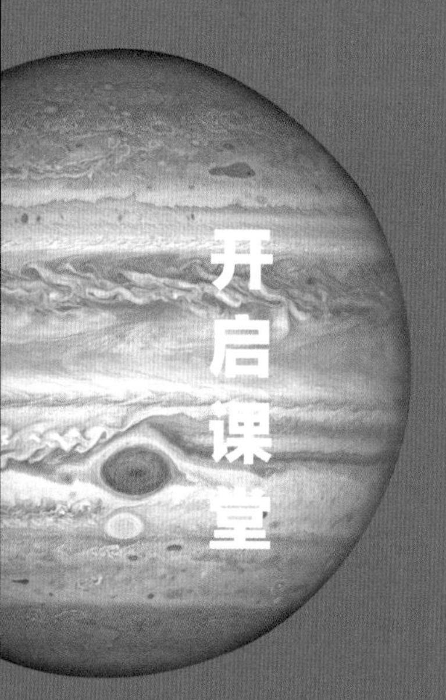

自上次去过火星研究基地，小凯明白了要想成为一名合格的火星训练营成员，必须要了解地球上的自然生态。

小凯已经养成了早睡早起的好习惯，星期天的早晨6:30他就起床了，吃完妈妈做的早餐就和胖球一起来到家门口的公园晨练。

走进公园放眼望去，一片黄灿灿，那是盛开的小雏菊；一片红彤彤，那是绽放的芍药花；还有一丛五颜六色、争奇斗艳，那是月季花，真是姹紫嫣红，美不胜收。

“好美啊！”小凯不由得赞叹。

胖球昨晚忘了自动充电，电量不足导致他的精神有些萎靡，他接着小凯的话说：“可不嘛！就连我这个机器人也觉得好看呢。”

“胖球，为什么花儿有不同的颜色呢？”小凯望着胖球问道。

“你稍等，我来查一查”，说完胖球就嘟嘟两声开始了搜索，没多久胖球就搜寻到了答案。

“花的颜色主要由花瓣中的色素决定，花的色素主要有花青素和类胡萝卜素。类胡萝卜素使花瓣呈现黄色或橙色；花青素则使花瓣呈现出

红色、蓝色或紫色；如果花瓣细胞里不含任何色素，花就是白色的。”

“哦，原来是这样。”小凯若有所思地点了点头。

胖球继续说着：“其中，造就花儿色泽最主要的色素，叫作花青素，属于类黄酮化合物，它分布在细胞的液泡内，控制花的粉红色、红色、紫色及蓝色等颜色变化。”

“花青素很调皮，在不同的环境下，会形成不同的颜色。在酸性状态下，它呈现红色，酸性愈强，颜色愈红，比如一串红等；在碱性状态下，它就呈现蓝色。”

“酸性？碱性？”小凯不解地问。

胖球电量已经不足，他吃力地望了望小凯，没有说话。

“唉”，小凯叹了口气，抬起手臂对着戴在手腕上的多功能数字化手表呼叫了火星训练营的高博士。

“高博士，您好，请问什么是酸性和碱性？”高博士的实时信息通过智能手表中发出的光束构成了影像，在一米以外呈现了出来，就像高博士站在身边一样。

“酸碱性，是溶液中氢离子活度的一种标度，也就是通常意义上溶

液酸碱程度的衡量标准。通常情况下（25℃），当 pH<7 的时候，溶液呈酸性；当 pH>7 的时候，溶液呈碱性；当 pH=7 的时候，溶液为中性。”

“小凯，花朵颜色的深浅与花瓣中色素的含量有关。此外，有的花颜色多变，是因为在一天的早、中、晚间花瓣细胞液酸碱程度不一样而引起的，以后在火星的时候我们也可以利用花的颜色来判断所在环境的酸碱度呢。”

“我终于明白了，谢谢您！”小凯开心地对着高博士说。

知识点

花青素：存在于植物细胞的液泡中，可由叶绿素转化而来。在植物细胞液泡不同的酸碱度条件下，使花瓣呈现出五彩缤纷的颜色。秋天可溶糖增多，细胞为酸性，在酸性条件下呈红色或紫色，所以花瓣呈红、紫色是花青素作用，其颜色的深浅与花青素的含量呈正相关性，在碱性条件下呈蓝色。花青素的颜色受许多因子的影响，低温、缺氧和缺磷等不良环境也会促进花青素的形成和积累。

测试常见物品的 pH

实验准备：一杯纯净水、一朵红色的月季花、一副橡胶手套、pH 试纸、小滴管。

实验内容：用小滴管在水杯中吸取少许纯净水滴在 pH 试纸上，观察试纸的颜色；双手戴上橡胶手套，摘取一片月季花的花瓣，用手轻轻搓揉直到有少许汁液渗出，将 pH 试纸放在汁液上，观察试纸的颜色。

观察报告：

____

____

5

诱人的花香

时空记录

地点：公园

天气：多云 17℃

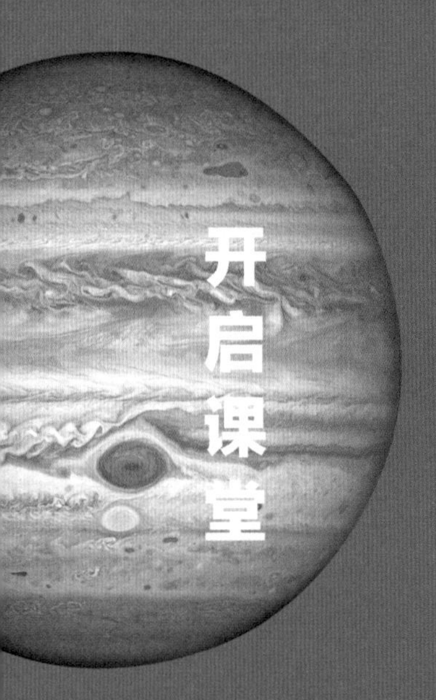

小凯终于明白了花儿为什么那么绚丽多彩，此刻他觉得好有成就感，望着因为昨晚忘记充电而显得萎靡不振的胖球，小凯是又好气又好笑，他用略带调侃的语气对胖球说：“看你平时电力充足的时候像个勤劳的小蜜蜂，今天变成小懒虫了。”

“我不是小懒虫也不是小蜜蜂！平时让我精力充沛是因为我可以畅游知识的海洋，而蜜蜂忙碌是因为满园的花香，不说啦，我得去充电啦”，说完胖球就慢慢地向公园的游客服务中心走去，那里可以提供机器人充电服务。

“蜜蜂忙碌是因为花香？”小凯喃喃自语道，他走到一朵花前用鼻子嗅了嗅，的确花香沁人心脾。

“我们的小探险家，你又有什么新发现啊”，突然有人在小凯的后背轻轻拍了一下。小凯抬头一看，原来是科学葛老师。葛老师穿着运动衣裤，额头上还沁着些许的小汗珠，看来是刚跑完步。

“老师，我在想花儿为什么会香呢？”小凯问道。

葛老师擦了擦额头上的汗珠说：“那是因为花内含有芳香性化合物，

这种芳香性化合物俗称‘香精油’。当花瓣张开，花蕊中的香精油便随着水分一起散发出来，这就是我们闻到的花香啦！”

“由于各种花卉所含的香精油不同，散发出的香味也不一样，有的浓郁，有的淡雅。自然界中还有一些花，虽然它们的花瓣中没有油细胞，但闻上去也有阵阵香味，它们的细胞中含有一种叫做‘糖苷’的物质，经酵素分解后一样会产生香味。”

“哦，原来是这样”，小凯点了点头。

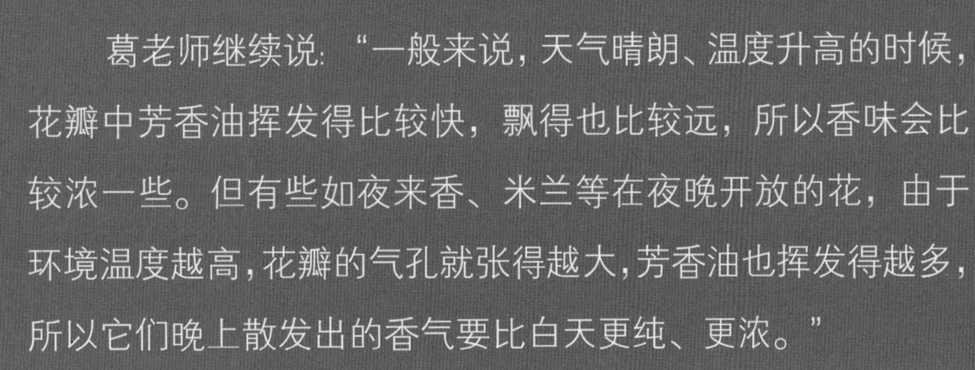

葛老师继续说：“一般来说，天气晴朗、温度升高的时候，花瓣中芳香油挥发得比较快，飘得也比较远，所以香味会比较浓一些。但有些如夜来香、米兰等在夜晚开放的花，由于环境温度越高，花瓣的气孔就张得越大，芳香油也挥发得越多，所以它们晚上散发出的香气要比白天更纯、更浓。”

“葛老师，我还有个疑问，是不是所有的花都有香味？”

“那当然不是啦。你知道世界上最大的花吗？世界上最大的花是大王花，也是最漂亮的花朵之一，一颗花朵重约 10 公斤，通常直径为 1 米，这种花是寄生的，没有根、叶或茎。虽然大王花看上去很好，但对人类嗅觉器官就不太友好了，有着无与伦比的难闻气味，极易吸引苍蝇等昆虫。”

“好恶心啊，怎么会有这样的花，太难以置信了”，小凯皱了皱眉头。

葛老师笑着说：“其实啊，无论是花香还是花臭，都是为了吸引小昆虫们为它们授粉，这也是植物传宗接代的手段，以后我们定居火星种植植物都离不开它们的帮助呢。”

“嗯嗯，不过我还是喜欢香的花儿”，小凯撇着嘴说。

知识要点

花朵散发出气味，就会吸引小昆虫们前来采集，当昆虫在花朵四周游走或者飞舞的时候，身上会沾上雄蕊的花粉，在飞到雌蕊附近时，会将身上的花粉带到雌蕊的柱头上，完成授粉。

小常识

授粉：是植物结成果实必经的过程。花朵中通常都有一些黄色的粉，叫作花粉，这些花粉需要被传给同类植物某些花朵。花粉从花药到柱头的移动过程叫作授粉。

用花朵自制香水

材料：有香味的花朵、玻璃杯、玻璃瓶、玻璃棒、浓度为 95% 的酒精。

实验步骤：①把花朵放在玻璃杯里，用玻璃棒捣碎。②把捣碎的花瓣放入玻璃瓶，倒入酒精，封好口，放置一星期。③打开瓶盖，你就可以闻到浓郁的花香了。

现象揭秘：花瓣中含有香味的物质可以溶解在酒精里。因此，只要打开瓶盖，香味就会飘散出来。

实验基地

探究一：会冒红烟的水

材料

一只大的广口玻璃瓶、一只小玻璃瓶、一张铝箔纸、一根橡皮筋、红色食用色素、一支铅笔、一小块冰。

步骤

①在小玻璃瓶中放入冰块，然后加满冷水。

②往大玻璃瓶中倒入热水，至瓶口 2.5 厘米处。

③取出小玻璃瓶里没有融化的冰块，滴 6–7 滴红色食用色素。

④用铝箔纸罩住小玻璃瓶的瓶口，并用橡皮筋扎紧。

⑤用铅笔尖的一端在铝箔纸上戳个小洞。

⑥将小玻璃瓶快速倒立，使铝箔纸上的小洞对着大玻璃瓶的瓶口。

⑦用手指慢慢地、轻轻地敲打小玻璃瓶的瓶底。

现象

红色冷水会在热水中向下沉。红色冷水经敲打后，会流入玻璃瓶并在热水中像烟圈般慢慢扩大起来。

实验揭秘

这个实验现象是密度差别和扩散的影响。

水和其他物质一样会热胀冷宿，也就是遇低温时会收缩，遇高温时会膨胀，这导致冷水比热水密度大（同样体积的冷水比热水重）。因此，更重的冷水会下沉。而后可以看到红色慢慢散开，这就是扩散现象。花香也是花的气味分子在空气中扩散。

探究二：气体的扩散

材料

一根滴管、一瓶花露水、一支粗吸管、一只气球、一个空鞋盒。

步骤

①往气球里滴入10滴花露水，小心不要让气球的外侧沾到香水。

②把粗吸管插入气球里面，把气球与吸管周围捏紧不要漏气。

③通过吸管往气球里吹气，直到使气球刚好能放入空鞋盒，拿出吸管，再把气球口绑紧。注意不要漏气。

④把气球放进空鞋盒里，盖上盒盖。静置45分钟（可视情况延长时间）。

⑤打开鞋盒，闻闻盒里的气味。

实验结果

盒子里有花露水的气味，但是鞋盒依然是干燥的。

实验解释

气球看起来是很紧密的，但其实气球的表面上有许多眼睛看不见的小孔。花露水挥发后形成的气体分子比气球上的孔小，就能穿过气球上的小孔。

像这个实验中的花露水一样，物质分子从高浓度区向低浓度区转移，直到均匀分布的现象，就称为扩散。我们之所以在远处就能闻到花香，就是因为花的气味扩散到了空气中。

叶子都是绿色的吗？

时空记录

地点：公园

天气：晴空万里 21℃

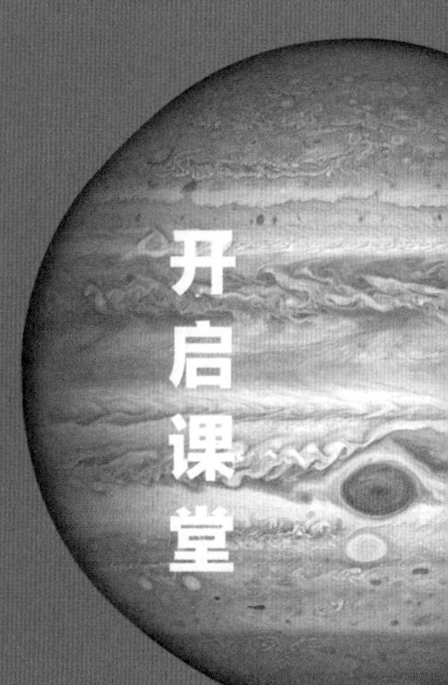

小凯和胖球继续在公园里散步，映入眼帘的是大片大片的绿色，突然小凯看到了几棵树的叶子是红色的。小凯问："为什么有的树叶不是绿色呢？难道也是因为酸碱度不同吗？"

胖球过了一会儿回答："叶子中含有叶绿素可以使叶子显绿色。除了叶绿素以外，叶子还含有叶黄素、胡萝卜素等其他色素，这些色素让叶子呈现其他颜色，比如黄、橙等。因此你看到有的树叶不是绿色。"

除了叶绿素、叶黄素和类胡萝卜素之外，还有一个影响叶子颜色的因素是花青素。有些植物的叶子里能生成花青素，也能让叶子显示出红、黄、紫等颜色。例如枫叶的叶片细胞液为酸性，到了秋天叶子水分流失，叶片里细胞液的酸性逐渐增强，花青素遇酸变红，叶子就变成了红色。

叶绿素、类胡萝卜素和花青素三类色素之间不断"争斗"，使叶子呈现出不同的颜色。一般情况下，正常叶子中叶绿素所占比例最大，因此大部分叶子都是绿色的。

"那为什么季节不同，树叶的颜色也随着变化呢？"小凯问道。

胖球想了一想说:“早春,刚发芽的树叶含有的叶绿素还不多,叶黄素、胡萝卜素、花青素的颜色就会呈现出来，这时往往呈现的是黄色、红色。阳光照射后，叶绿素慢慢增多了，叶子就会慢慢变绿了。仲夏，阳光强烈，植物生长茂盛，光合作用强，叶绿素会占得上风，因此夏天多呈现出一片深绿。秋天温度降低，空气也变得干燥，树叶中的水分蒸发快，加上光照时间也缩短，这些因素影响植物根部的吸收能力和叶子的光合作用，叶绿素合成得少,但是却分解得多,叶子就会慢慢显示出其他色素的颜色，由此变黄、变橙或是变红。如果叶子受伤或是衰老，叶绿素也会被分解，叶子的颜色也会发生变化。虽然温度、湿度、pH 甚至土壤条件都已被证明会影响叶子的颜色，但是最终的决定因素还是光照。”

“那么为什么有的树叶一年四季都是绿色呢？”小凯又问。

“常年保持绿色的树被称作常青树。这类植物的特征主要是叶片呈针状、叶片有蜡质层或是耐旱。”

知识要点

科学情报

常青树的叶子并非永不凋落，只不过叶子寿命比落叶树的叶子寿命长一些，比如冬青叶可活 1 年 ~ 3 年，松树叶可活 3 年 ~ 5 年。

常青植物也要落叶，也有老叶、新叶的更替，但一年四季都在进行，它们到了冬天也不是整体变黄脱落，所以一年四季都保持有绿叶，通常就以为它们的叶子不变黄。如果你仔细观察就会发现，它们也会有叶子脱落的。

探究一：神奇的叶绿素

材料

绿萝、剪刀、玻璃杯、医用酒精、水。

步骤

①摘下几片绿萝的叶子，剪成碎片，分别放在两个杯中；

②在两个杯中分别加入酒精和水；

③静置 30 分钟后观察结果。

现象

加入酒精的杯子水变绿了，加入水的杯子几乎没有变化。

解释

绿色的叶子中含有一种被称为叶绿素的物质使叶子呈绿色，叶绿素可溶于酒精，但是几乎不溶于水。因此，将叶子置入酒精中就使叶绿素被溶解，于是酒精变成了绿色。

探究二：寻找树叶中被隐藏的色素（叶色谱）

材料

树叶、剪刀、研钵、消毒酒精、玻璃杯、保鲜膜、过滤纸（茶叶或者咖啡过滤纸）、大碗。

步骤

①把叶子剪成小片，放入研钵中。

②尽可能将树叶捣碎，然后将它们放入玻璃杯中。

③将酒精倒入玻璃杯中，直到叶片被覆盖，这时酒精变得有一点淡淡的绿色。用保鲜膜覆盖杯子。

④把杯子放进大碗里，然后把沸水倒入碗里。

⑤在热水里放30分钟直到酒精变成深绿色，如果必要的话可以延长加热时间。

⑥将咖啡滤纸剪成条状，贴着杯子边缘放置一条。

⑦等待约1个小时后，拿出滤纸条，看看发生了什么？

现象

可以看到咖啡滤纸上有相对清晰的条状颜色分布。

解释

大部分叶子之所以呈现绿色是因为树叶中含有大量叶绿素。但除了叶绿素之外，还有花青素（红色或紫色）、叶黄素（黄色）和胡萝卜素（橙色）。在大部分生长季节，叶子中含有的叶绿素比例很高，使它们看起来很绿。

不同的色素在滤纸上以不同速率运动，最终被分开，从而显现不同颜色。

色谱法的创始人是俄国的植物学家茨维特。100多年后的今天色谱法仍然是最常用的检测手段。

7

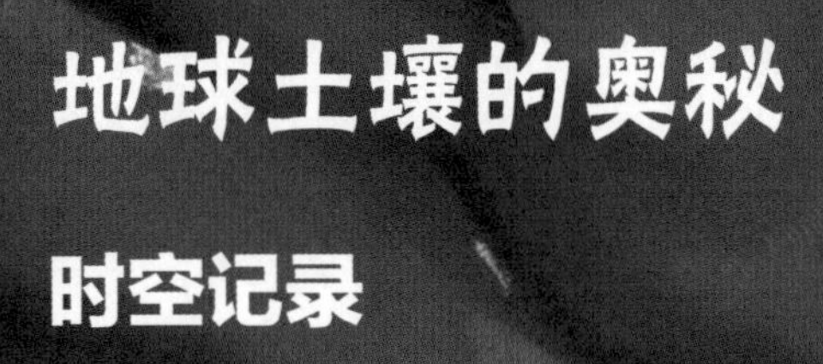

地球土壤的奥秘

时空记录

地点：未来学院火星研究基地

天气：晴 22℃

开启课堂

又是一个星期六的早晨，小凯带着胖球来到了未来学院火星研究基地，同学们坐在多功能全息影像教室中等待着高博士的到来。

高博士一来到教室就将 20 名训练营的小伙伴们分成 5 个小组，小凯和小丽、小羽还有小玲分到了一组，小凯和小丽是同班的同学，他们早就熟悉了，所以小凯显得非常高兴，反而胖球有点闷闷不乐，因为小丽随身携带的机器人“美美”看起来比他更小巧、更灵活，当然最关键还是因为美美外观更漂亮。

“今天会研究什么啊”，大家叽叽喳喳地小声议论起来。

“咳咳，大家请看面前的烧杯，知道里面装的是什么吗？”高博士翘起他的大胡子，声音略微高扬地说。

只见机器人“美美”快速地用一束光扫描了烧杯，然后告诉小丽是“土壤”，小丽赶紧举手高声说：“是土壤。”而此时的胖球因为没有美美扫描的速度快，已经有点生气啦。

“嗯，回答很快嘛！那你知道土壤的作用吗？”高博士望着小丽。

小丽继续说：“如果地球没有土壤，植物就无法获取养分，那么其他的生物都会受到影响，因此土壤是地球最重要的宝藏。”

“那谁知道土壤里面含有哪些成分？”高博士又一次提问。

胖球怕又被美美抢了先，赶紧搜索起来，然后迅速把资料传给了小凯。小凯流利地答道：“土壤由岩石风化而成的矿物质，动植物、微生物残体腐解产生的有机质，土壤生物，空气，氧化的腐殖质等组成。固体物质包括土壤矿物质、有机质和微生物等；液体物质主要指土壤水分；气体是存在于土壤孔隙中的空气。土壤中这三类物质构成了一个矛盾的统一体，它们互相联系，互相制约，为作物提供必需的生活条件，是土壤肥力的物质基础。”

“在自然界中”，小凯说完胖球给他的资料内容后又补充了一些自己的看法，“一般情况下，植物吸收的氮中有30%~60%、磷中50%~70%、钾中40%~60%是来自土壤，可见土壤成分对植物生长的重要作用。”

“小凯回答得太好了”，高博士非常赞许小凯的探究精神，他对小凯竖起了大拇指，小营员们也向小凯投来了赞许的目光。胖球也因为扳回了一局而显得有点得意洋洋，它向美美眨了眨眼睛，想要炫耀一番，但似乎美美并不在意，表现得无动于衷。

科学情报

知识要点

《淮南子·说林训》：“土壤布在田，能者以为富”。自古以来，土地就是老百姓赖以生存的基础，有了土地就可以进行种植，农作物给了人们存活的物质保障。

土壤中的元素组成：氧、硅、铝、铁、钙、镁、钛、钾、磷、硫。

其中，微生物是土壤重要的组成部分，对于农作物生长有重要作用。可以说土壤越肥沃，微生物就越多。

那么什么是微生物呢?

顾名思义，微生物就是“微小的生物”，其个体微小，用肉眼看不清甚至看不见，一般以微米或毫微米来度量，需要用显微镜才能看见。严格意义上微生物包括细菌、古菌、真菌、病毒、原生动物和显微藻类等。微生物是生物大家族中重要的分解代谢类群，如果缺少了它们，地球上生物圈的物质能量循环将中断，地球上的生命将难以繁衍生息。

地球表面遍布微生物，河流、湖泊、海洋、空气、岩石、土壤、植物、动物，甚至人体都有大量的微生物。

在我们的生活中也处处存在微生物，比如发面的酵母、腐败的牛奶、发霉的面包等都有微生物起作用。

同样的，土壤中也存在着大量的微生物。据估算 1 克土壤中有几亿到几百亿个微生物，其种类和数量随成土环境和土层深度的变化而变化。

大部分的微生物对作物生长发育有益，它们在土壤中进行着氧化、硝化、氨化、固氮、硫化等过程，对土壤的形成、发育、物质循环和肥力演变等均有重要作用。

土壤透水性

材料

3个塑料瓶、纱布、细线、剪刀、沙子、黏土、盆栽土、标签、记号笔、量筒、水。

步骤

①把3个塑料瓶从中间剪开，上半部分的瓶口用纱布裹好，然后倒置放入下部。

②给三个瓶子上分别贴上沙子、黏土、盆栽土的标签。

③分别加入同样多的沙子、黏土、盆栽土。

④倒入同样多的水。

⑤观察水渗出的速度。

现象

沙子渗水最快，透水性最好，黏土渗水最慢，透水性最差，盆栽土适中。

解释： 水分对于植物的生长是十分重要的。植物从土壤中获得水分。土壤的成分对土壤的渗透性和保水能力有重要的影响。如果土壤不能吸收或者获得水，就没有水分供给植物。

相比之下，一些类型的土壤含有更多的水分。沙子很难保持住水分；黏土往往很难吸收地表的水分；疏松、肥沃的土壤往往含有更多的水分。

8 让人困惑的火星土壤

时空记录

地点：未来学院火星研究基地

天气：晴 22℃

“我们明白了地球的土壤，那么火星上的土壤情况如何呢？”高博士说着展示了一组火星的图片，那是历年来地球上发射的火星探测器所传回来的图像资料。

教室里的全息影像技术实在太强大了，所展现的四维空间立体投影让小营员们身临其境，就像是站在火星表面上一样。

高博士一边踱着步一边娓娓道来：“1976 年夏天，人类第一次触及了火星的土壤。美国‘海盗’号探测器从它们着陆的地点挖掘了土壤样本，并将这些样本倒入了从地球带来的分析设备中。在运转了几个月之后，测定出火星土壤所包含的化学元素主要有：氧 (50%)、硅 (15%~30%)、铁 (12%~16%)、镁 (5%)、钙 (3%~8%)、硫 (3%~4%)、银 (2%~7%)、钾 (<0.25%)。”

“高博士，这样看来，火星土壤所拥有的化学元素和地球上的很相似啊，那是不是意味着我们也可以在火星上种植？”小羽同学急切地问道。

小凯略加思索说道：“恐怕还不行，毕竟植物生长需要三大物质系统相互作用，火星土壤中虽然已经有了植物生长所需的矿物质，但是还需要有机物和水啊。”

“小凯说得对，他考虑到了问题的关键。”高博士突然停下脚步，面色有些凝重地说。

“科学家们也意识到了这个问题，一直都在进行相关的科学探究。2003 年，美国天文学家们利用大型望远镜，捕捉到了火星甲烷的红外光谱，他们发现在火星的大气层中，应该有一大团甲烷气体，预估含量为 19000 千吨，甲烷是一种有机物，存在甲烷也就意味着火星拥有类似地球的生命体，由于这次观察是在地球观测，观测结果可能也会受到地球自身空气中甲烷浓度的影响，科学家们害怕是由于计算错误，不敢发表研究结果。但后续的研究，特别是 2012 年美国宇航局的‘好奇号’火星探测器在火星上收集到的数据证明，火星上的甲烷确实存在，大约为大气浓度的十亿分之一，每年在火星大气中流动的甲烷气体大约有 200 吨，这个消息让人类兴奋不已。”

“可是奇怪的事情发生了，在后续的探测中甲烷又神秘消失，这种情况引起了科学家们的推测，有人认为在某些季节，火星土壤中的孔隙可能会在悬崖或环形山壁上打开，从而使得甲烷气体从地下进入大气层，这种生命体有可能生活在火星的地下。”高博士说完后，大家都陷入了沉思。

“十亿分之一，那也意味着希望”，小凯坚定地说道，他又向高博士问了下一个问题：“可是火星土壤中是否含有水呢？”

“这个问题更有趣了，已知的火星地质证据表明，在数十亿年前，火星上曾流淌着大量的水，汇聚形成了池塘、湖泊和深海。而如今，一项新研究表明，火星曾经拥有的水资源被藏在火星地壳的矿物质之中，但是由于火星的引力较小，火星表面原有的水逃逸进入了太空。”高博士展示了一组貌似被水流冲刷过的火星表面地质照片。

他继续说道：“部分学者所发表的论文又提供了有力证据，证明大气逃逸并不能完全解释我们所掌握的火星曾经实际存在水的相关数据，目前大部分人比较认同将两种机制结合在一起，也就是一部分水被火星地壳中的矿物质捕获结合了，还有一部分水通过大气流失了，这样一来就能解释火星大气中观察到的数据。”

“真是琢磨不透的火星”，胖球嘀咕了一下，反倒是美美接过了话茬：“要是容易还需要我们探究吗？”

科学情报

为什么不能贸然将火星土壤带回地球?

火星部分区域发现了有机物，这一切都说明火星可能并不是一颗死星球，而是一颗活星球，也就是火星可能是有生命存在的。火星的土壤中存在着某些我们尚不了解的细菌等微生物，这些细菌和微生物是在和地球完全不同的环境中孕育出来的，它们有什么危害，会对地球的生物或生态环境有什么影响，我们一无所知，如果贸然把火星土壤带回地球，有可能会给地球带来灾难性的后果。

实验准备

三个长约 50cm 宽 30cm 高 30cm 的种植盒、青菜种子一包、野外采集的泥土若干、种植小铲、有机浓缩营养液、大号标签贴 3 张。

实验内容

将泥土平均倒入三个种植盒，泥土约占种植盒体积 1/2，将青菜种子平均分成三份分别播撒，将种植箱编号。1 号种植盒内不加入有机浓缩营养液；2 号种植盒内加入配水有机浓缩营养液（1 毫升营养液配 100 毫升水）30 毫升，每周一次；3 号种植盒内加入配水有机浓缩营养液（1 毫升营养液配 50 毫升水）30 毫升，每周一次；三周后观察生长状况。

观察报告：

______

______

我的发现：

2016 年，研究人员在火星模拟土壤中种植番茄、黑麦、萝卜、豌豆、韭菜、菠菜、菜花和藜麦，其产量仅略低于地球土壤中的产量。更有趣的是，他们用月球模拟土壤做了同样的实验，月球模拟土壤大约只有地球土壤一半的产量，但是这些作物仍然在生长，除了菠菜。这是为什么呢？

______

______

9 有土种植和无土种植

时空记录

地点：校园生态创客空间

天气：晴 22℃

开启课堂

今天下午第三节课是科学课，小凯接到科学葛老师的通知，上课地点定在学校的生态创客空间。走进教室，首先映入眼帘的是一排排管道架，在这些管道里一棵棵嫩绿的植物正在生长，生机盎然，煞是喜人。

上课的铃声还没有响起，同学们三三两两围在这个看似奇怪的管道旁，小声地议论起来，小丽有些茫然，她不解地望向科学课代表小凯问道："这些植物怎么生长在管道里？"

小凯说道："这就是无土栽培呀。"

"没有土壤植物怎么会生存？"小丽还是不解。

"无土栽培是一种不用天然土壤而采用含有植物生长发育必需元素的营养液来提供营养，使植物正常完成整个生命周期的栽培技术，这个技术现在已经很成熟了。"小凯的知识面比较广泛，所以回答起来非常专业。

小丽还想继续问下去，但此时上课的铃声响了，大家都迅速回到座位上等待着葛老师的到来，只见葛老师拿着一个瓶子走进了教室，那是一瓶"风信子"，粉色的花儿像一团美丽的锦绣，非常漂亮。"谁能描述一下老师手中的'风信子'的生长状态？"小丽率先举手说道："'风信子'

有着硕大的根茎，它的上半部分在瓶口的上面，并不接触水面，而根系非常发达，完全浸入水中，整个植物生长良好。”

葛老师满意地点了点头，示意小丽坐下，接着问：“那说明了什么？”

有同学举手说道：“那说明只要有水植物就能活。”

“是吗？”葛老师轻轻皱了皱眉头。

“葛老师，植物生长不仅需要水，还需要有机物和微量元素，这是植物生长的三大要素，所以‘风信子’瓶子里面的水必然含有营养液”，小凯站起来补充说。

“所以土壤……”，葛老师和蔼地看着小凯。

“所以土壤只是媒介，它为植物的生长提供水分、微量元素和有机物。即使没有土壤，只要满足三个条件，植物也能存活，老师手中的‘风信子’

是这样，这些长在管道里面的植物也是这样。”

葛老师也很赞同小凯的观点，她接着说道：“的确，无土种植的优势非常多，随着农业技术的进步，现在越来越多的人使用无土栽培技术种植水果蔬菜等农作物，无土栽培前景远大，相对于原生土地种植而言具有众多的优势。同时，也有人担心无土栽培种出的蔬菜会不安全，那么农作物是无土栽培好，还是有土种植好？”

同学们一时都陷入了思考，没有人能回答这个问题。于是葛老师召集大家一起走到无土栽培的管架前，慢慢地说道：“相对于传统的有土种植来说，无土栽培技术脱离了原生土地。使用培养液来替代土壤，在种植过程中杜绝了原生土壤带来的疾病和污染，减少农作物的生病概率。同时，营养液成分配比可以随时调节，能充分满足农作物不同时期生长发育所需要的营养元素，快速促进农作物的生长。无土栽培产量提高数十倍，收益更高。另外，无土栽培所需要的人员更少，但技术水平要求更高。”

小凯略带思考地问：“那以后人类登陆火星是不是就不需要考虑火星土壤改良的问题？”

“当然不行，相对于无土栽培来说，有土种植不需要很复杂的技术，只要掌握相应简单的农作物种植技术就可以进行，也不需要铺设大棚等智能化设施设备，成本低。相比之下，无土种植更加适合小农耕种，无法进行大规模种植。登陆火星后，人类如果要进行火星城市建设，完全依靠无土种植是不现实的。”葛老师科学而又全面的解答让大家顿时明白了。

实验基地

无土栽培

实验材料

矿泉水瓶、剪刀、土豆、水。

步骤

①把矿泉水瓶从中间剪开，上半部分的瓶口向下放入下部。

②把土豆放入瓶中，倒入适量的水，使土豆接触到水。

③将瓶子放到能照射到阳光的窗户附近。

④观察水位，适时补水。

⑤记录观察结果。

解释

虽然很多植物生长在土壤里，但是有些植物不依靠土壤也能生长。

附生植物是热带雨林中的标志性植物之一。它们不在地面生长，而是攀附在其他树木的树枝和树干上生长。它们用根把自己固定在其他树木的树皮上，将稠密的根枝缠在上面。附生植物自身可进行光合作用，不会掠夺它所附着植物的营养与水分，这不同于寄生植物。它们可以通过攀附在高大树木之上而使自己更好地吸收阳光。

现在某些附生植物已经大量被用来做园艺栽培，比如部分兰科植物、凤梨、蕨类、天南星科植物等。

一些种子在没有土壤的情况下也能发芽（但必须有水），因为这些种子本身含有足够它们发芽的养分。甚至对于一些需要土壤才能生长的植物，如果提供足够的水、养分和维持生长和生命过程的必需物质，它们也可以在没有土壤的情况下生长。

10

长在枯树上的木耳

时空记录

地点：紫金山南侧登山道

天气：多云转阴 17℃

今天天气非常凉爽，小凯和爸爸一起早早来到紫金山脚下，他们准备进行一次登山比赛。远眺山峰，翠绿的树木层峦叠嶂煞是好看，爸爸在后面慢慢地边走边看，小凯铆足了劲一心想把爸爸比下去，所以脚步就显得比较快。不多久，他就把爸爸甩在了后面。

可是，这样快节奏地走了一会儿，小凯就觉得有些疲惫了。于是他就坐在登山石阶上休息一下，突然发现不远处的树丛中有一根枯树干，上面还有黑黑的东西，小凯凑近一看，原来枯树干上长的是木耳。

“原来我平常吃的木耳是长在树上的啊！”小凯喃喃自语道。

“小凯，你在看什么？”爸爸已经跟了上来，看见小凯蹲在地上看着什么，于是不解地问。“爸爸，我发现了木耳”，小凯抬起头，然后又问爸爸：“可是枯树已经死了，为什么还能长出木耳？”

爸爸笑着说：“那你就不知道了吧，实际上这些木耳是以木头作为它们的依附物和营养成分。木耳是一种真菌类生物，自身不能通过光合作用形成所需的营养成分，所以只能借助腐烂木头提供的营养来养活自己。”

“那什么是真菌？它是我们平常所说的细菌吗？”小凯明显来了兴趣，他连续向爸爸发出了提问。

“真菌是细菌的一种，它是一种具有真核的、产泡的、无叶绿体的真核生物。比如我们生活中常见的酵母以及人们熟悉的菌菇类，例如蘑菇。”

“听起来好可怕的样子,难道细菌也能吃？”小凯不可思议地吐了吐舌头。

“虽然同属真菌，但寄生环境不一样。像蘑菇类真菌在生态学上叫腐生，一般生存在枯枝烂叶及有机质丰富的土壤中；而人体的真菌可以称之为寄生，主要指寄生在活体上的真菌。其实啊，真菌的有些特点和植物相似，然而在某些方面又和动物有相似之处。根据营养方式的比较研究，真菌不是植物也不是动物，而是一个独立的生物类群。”

“那真菌有种子吗？”

“木耳当然有种子啦，木耳的‘种子’是孢子，它能够附着在腐烂的木头上，然后形成新的真菌生物。”

“爸爸，我知道木耳的营养价值很高，那以后我们要登陆火星岂不是带一段枯木头就能吃上木耳和蘑菇了？”小凯每时每刻都想着登陆火星的计划。

小凯爸爸幽幽地说道：“要带也一定要带富含有机物的枯木头才行！”

科学情报

小常识

木耳生长于栎、杨、榕、槐等 120 多种阔叶树的腐木上，丛生且常屋瓦状叠生。也可以用阔叶树类的木屑人工栽培，生长在古槐、桑木上的更好，柘树上的其次。

采来的木耳如颜色有变，就表明有毒，夜间发光的木耳也有毒，欲烂而不生虫的树木生长出的木耳也有毒，食用后对身体会有伤害。

知识拓展

真菌怎么活

真菌的生长方式类似植物，营养摄取方式则类似动物，通过将有机物分解成可以利用吸收的简单物质来摄取维持生命活动所需的营养。

真菌营养体结构

真菌营养生长阶段的结构称为营养体结构。绝大多数真菌的营养体都是可分枝的丝状体，单根丝状体称为菌丝。许多菌丝在一起统称菌丝体，菌丝体在基质上生长的形态称为菌落。菌丝显微镜下观察时呈管状，具有细胞壁和细胞质。菌丝可无限生长，但直径是有限的，为 2–30 微米，最大的可达 100 微米。

探究一：香蕉怎么烂了？

材料

香蕉、两只塑料袋、发酵粉、小茶匙、签字笔、两根橡皮筋。

步骤

①将香蕉剥皮后，切成薄片。

②取一片香蕉片，在上面撒半茶匙的发酵粉。然后将这片香蕉放入一只塑料袋，用橡皮筋扎紧袋口，用笔在袋子外面写上“发酵粉”。

③另外取一片香蕉不做处理放进另一只塑料袋，也用橡皮筋扎紧袋口。

④持续观察10–15天（视温度不同），看看哪个香蕉最先发霉并腐烂。

现象

有发酵粉的香蕉片会更快腐烂。

实验揭秘

地球上的真菌有10万多种，酵母菌是其中的一种。真菌没有叶绿素，依靠寄生在别的生物上获取养料。在这个实验中，酵母菌会把香蕉分解，以便从香蕉上获取营养，这个过程被称为“腐烂”。

别看腐烂很恶心，但是对于生物圈而言却很重要。腐烂可以使死亡的生物体彻底分解。想想看，如果所有死亡的生物体不会腐烂，地球上动物的尸体和凋落的植物会越堆越多，最后会堆满地球，严重影响其他活着的动物和植物生存。

分解后的东西还可以被其他的植物或动物利用。例如，森林中的落叶会被大量的细菌和真菌分解，从而使其中的有机物被分解成简单的物质，归还土壤，供植物重新吸收利用。

探究二：哪些物质能抑制细菌快速繁殖?

材料

锅、加热炉、菜刀、三只大碗、一只量筒（250 毫升）、二把茶匙、一卷胶带纸、一支记号笔、食用小苏打、食盐、豆腐、水。

步骤

①把豆腐切成同样大小的三块。

②烧一锅开水，按照 50 : 1 的比例放入盐，然后放入一块豆腐一起煮沸。等待冷却后，把豆腐装入大碗中，盐水要没过豆腐，在碗上标注“食盐”。

③再烧一锅开水，按照 50 : 1 的比例放入小苏打，然后放入一块豆腐一起煮沸。等待冷却，把豆腐装入大碗中，小苏打水要没过豆腐，在碗上标注“小苏打”。

④把一块豆腐放入大碗中，加上水，水要没过豆腐，在碗上标注“对照”。

⑤观察三块豆腐。

现象

当我们闻到很明显的酸味，并且用手触摸豆腐表面时能够明显感觉到黏黏的，这说明豆腐已经变质了。观察哪块豆腐最先腐败，哪块豆腐最后腐败。注意：腐败变质的豆腐不能食用。

解释

某些物质（自然的或添加的）可以抑制或防止微生物生长，延长食品的保质期，这类物质被称为防腐剂。人们很早就发现盐可以延长食物的保存期限。除了盐之外，常见的化学防腐剂还有硝酸钠、苯甲酸钠、丙酸钙等。

火星奥秘知多少

火星是离太阳第四近的行星，也是太阳系中仅次于水星的第二小的行星，为太阳系里四颗类地行星之一。西方称火星为玛尔斯，是罗马神话中的战神，也被称为 " 红色星球 "; 古汉语中则因为它荧荧如火，位置、亮度时常变动让人无法捉摸而被称为荧惑。火星的直径约为地球的一半，自转轴倾角、自转周期则与地球相近，但公转周期是地球的两倍。

11 遥远的魅力星球

时空记录

地点：家

天气：晴朗 17℃

今天的夜空万里无云，月亮虽然是满月，但是被一层薄纱笼罩着，显得有些朦胧。胖球正在充电，爸爸妈妈在客厅里安静地看着书。一切都是那么寂静。小凯坐在自家的阳台上眺望着天空，开阔的星空让他觉得好美。

远处，一颗红得似火一样的星星引起了他的注意，通过天文望远镜小凯确定了那是火星，也许是地球上大气层的变化与干扰，火星显得或明或暗。“真的就像一只萤火虫！”小凯喃喃自语道。

“小凯，你知道吗？火星是太阳系中的第四大行星！”不知不觉中，胖球已经充完电来到了小凯的身边。

“那火星离我们远吗？”小凯好奇地问。

胖球搜索了一下资料库，快速说道：“火星与地球近距离约为 5500 万公里，最远距离则超过 4 亿公里。两者之间的近距离接触大约每 15 年出现一次。1988 年火星和地球的距离曾经达到约 5880 万公里，而在 2018 年两者之间的距离将达到 5760 万公里。但在 2003 年的 8 月 27 日，火星与地球的距离仅约 5576 万公里，是 6 万年来最近的一次。”

“好可惜，2003 年我还没有出生，否则我就可以近距离观察火星了”小凯有些失望。

胖球看看嘟着嘴的小凯，接着说道：“不过啊，据天文学家推算，在公元 1600 年到 2400 年这 800 年间，火星与地球的近距离只能排在第三位。根据推算结果，到 2366 年 9 月 2 日，两者之间的距离将约 5571 万公里。而到 2287 年 8 月 28 日，两者将更为接近，距离约 5569 万公里。一般来说，火星和地球距离近的年份是最适合登陆火星和在地面对火星观测的时机。”

“2287 年？那时的人类早就登上火星啦！”小凯轻蔑地看了一下胖球。

胖球嘟囔着回答：“我只是想要表达 2287 年火星离地球最近而已。”

“好美的星球，在火星上定居肯定是一件非常美妙的事情”小凯若有所思地望着那颗荧荧如火的星球。”

“小凯，你知道为什么我们要先去火星吗？关于太阳系你了解多少？”

“哼！我在社团课专门学习过的。”

“太阳系有 8 大行星，按照距离太阳远近分别为水星、金星、地球、火星、木星、土星、天王星和海王星。可以把这 8 颗行星分为两类，第一类为类地行星：水星、金星、地球、火星，它们都有固态的岩石表面，相比而言质量和体积不大，密度较高，自转慢，含有较少的挥发性元素，这 4 颗类地行星加起来只有 3 颗卫星；第二类为类木行星：木星、土星、天王星和海王星，具有和类地行星不同的特征：质量大、体积大（因此又叫做巨行星）、密度低、自转快，挥发性元素多，每一颗类木行星都拥有大

量的卫星，自成一个小家族。"

"地球和火星的位置十分特殊，都处于太阳系的宜居带上。在 8 大行星中，火星与地球最为相似。火星的直径约为地球的一半，自转轴倾角、自转周期则与地球相近，但公转周期是地球的两倍。"

"那什么是宜居带呢？"胖球问。

宜居带

"宜居带也被称为适合居住带。顾名思义，就是适合生命存在的范围。在一颗恒星周围水能够以液态形式存在的一条环带被称为'宜居带'。

"如果一颗行星恰好落在这一范围内，就可能拥有液态水，拥有生命的几率就会更大。

"我们现在所了解的生命需要合适的大气、适宜的温度、液态水等基本条件。而宇宙中大部分地方是虚无的空间、炙热的恒星、气态的行星，对于生命来说是非常恶劣的环境，宇宙中只有极少的地方有适合生命的条件。

"而太阳系里的宜居带就是指太阳系中适宜任何动物、植物、微生物生存的一个范围。其范围为从距离太阳 0.95 个天文单位（约 1.42 亿千米）到 2.4 个天文单位（约 3.59 亿千米）的范围，其宽度约为 2.17 亿千米。

"当然，处于宜居带也不是一定就存在生命，只是位于宜居带中的天体出现生命的概率更高。太阳系的宜居带中有三个大型天体，分别是地球、月球以及火星（1.52 天文单位）。月球的重力只有地球的 1/6，并且没有大气和水；火星的重力是地球的 1/3，有稀薄的大气，但也十分缺水，所以只有地球存在生命。火星的条件和地球相比更加恶劣，但是与月球相比却更加接近地球，而且距离地球也不是很远，适合人类建立定居点。"

科学情报

小常识

火星与地球有什么不同，火星与地球的对比数据

火星半径	火星的半径只有地球的一半多一点，为地球的
火星质量	火星的质量比地球轻得多，火星质量只有地球的 11%。
火星重力	火星表面的重力加速度只有地球的 1/3 多一点，为地球的 38%；火星上只有地球 1/3 的重力，在火星上可以轻松完成一些高难度动作，前提是自备氧气。
火星压强	火星表面的大气压强比地球要低得多，只有地球的 1%。
自转周期	火星的自转周期为 24.6229 小时，而地球的自转周期为 23.93 小时。
公转周期	火星的公转周期为 687 天，而地球的公转周期为 365.24 天。
日出日落	火星大气压力低，大气稀薄，火星大气的颜色偏红，日落时偏蓝；地球上正好相反，日出时天空偏蓝，日落时偏红。

制作太阳系模型

材料

白纸、彩泥、纸、剪刀、彩笔。

步骤

①查阅太阳的资料。查阅8大行星的直径以及与太阳的平均距离。

②计算行星大小和距离比例，宇宙空间十分浩大，为了方便测量天文学家发明了天文单位（A.U.）。1A.U.是地球到太阳的平均距离，大约是1.5×10^8km。以天文单位为基准，计算出8大行星到太阳的距离数据。以地球直径为基准，计算出其他行星的直径比例。

③把上述计算结果列成表格。

④用彩泥按照比例制作太阳和行星。

⑤把太阳放到硬纸板中心，按照水星、金星、地球、火星、木星、土星、天王星、海王星的顺序把行星摆放好，注意距离比例要符合计算结果。

太阳发光的秘密

原来，太阳主要由氢组成，氢约占71.3%，氦约占27%，其他元素约为2%。太阳由内向外分为核反应区、辐射区、对流区，太阳中心区域即核反应区，温度高达1500万摄氏度，压力也极大（约2500亿大气压）。处于这种条件下，氢原子会持续发生‘热核反应’——4个氢原子核合成1个氦原子核。在这个反应过程中，有一部分质量转化为能量并大量释放。这种热核反应，类似于氢弹爆炸。1公斤原子燃料能抵得上30亿公斤的煤。根据计算，目前太阳上氢的贮藏量，还足够继续进行热核反应数千亿年。正是由于太阳一直在持续发生核聚变，才给地球提供了源源不断的能源。

12

火星那张“脸"

时空记录

地点：火星训练营

天气：晴空万里 25℃

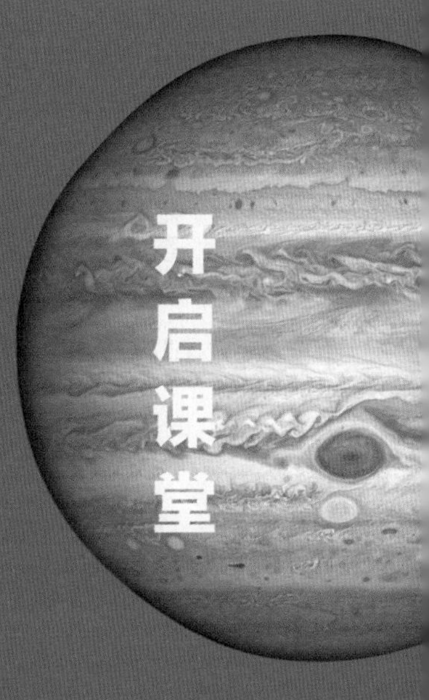

今天是返回火星训练营的日子，虽然小凯早早来到全息影像教室，但是有许多火星训练营的小伙伴们已经来了，他们聚集在教室的中央，叽叽喳喳地讨论着什么。

小凯走近一瞧，教室的中央是一幅巨大的火星全貌 3D 全息影像图，虚拟得非常逼真。由于火星地表富含氧化铁而呈红色，火红的地面不愧为火星的称号。

“啧啧，火星的表面远看像关公，近看像麻子，这张‘脸’实在是难看！”小凯小声嘟囔，满脸都是嫌弃的表情。

“咳咳”，伴随着高教授的两声轻咳，喧闹的教室顿时安静了下来。大家各自就位后，只见他的手在空中一挥，一张火星的地面图片就展现在大家面前，“这是我们的火星探测器刚刚从火星发回的一张照片。”

“照片上是一块铁镍合金的陨石，这在火星上很常见，时常有陨石坠落到火星。因为火星大气密度低，于是稍大一点的陨石都能落到火星表面，火星大气导致沙丘的‘运动’，又带出这些埋藏在沙子底下的陨石。”高教授讲完后，微笑看着小凯说道：“刚才你嫌弃的表情是不是因为火星的表面是坑坑洼洼的？”

小凯难为情地说："火星的那张脸太丑啦，不过地球上也有类似的陨石撞击坑，为什么没有火星这么多，这么大呢？"

小丽举手抢答道："这个道理很简单啊，因为地球的大气层比较浓密，大部分陨石在大气层中产生剧烈的摩擦后已经燃烧殆尽啦，只有少部分比较大的才能冲过大气层到达地球表面，所以地球表面稍微光滑一些。"今天的小丽梳了两根高高的羊角辫，随着讲话还颤颤巍巍的，很是俏皮。

小凯看着小丽的两根小辫，不由得就想笑："这两根小辫活脱脱就像两根天线。难道小丽是穿越过来的火星人？如果火星人都像小丽一样活泼可爱那倒也不错哦。"

正在小凯胡思乱想的时候，高教授又展示了另外一张照片。

"火星人！"小凯定睛一看，惊呼一声。

高教授哈哈大笑起来："小凯，你想多啦，这个所谓人类只不过是因为火星上的石头常年风化以及拍摄角度等多种因素产生的视觉幻觉，火星上是否拥有生命还需要我们继续探测和研究哦。"

科学情报

火星的气象

火星大气稀薄，比地球表面气压的 1% 还小，相当于地球上 30~40 千米高处的大气压。声音在如此低的气压里传播的距离只有在地球上的 1.5%。人体在这么低的气压值下会耳膜破裂、血液汽化沸腾，所以必须有宇航服的保护才能外出。

火星大气的主要成分是二氧化碳，约占 95%，其余是氮、氩、一氧化碳、氧、臭氧和氢，水汽的数量很少，平均约为大气总量的 0.01%。火星大气中悬浮着很多尘埃，因为吸收蓝光而使天空呈现黄褐色。

火星自转轴与公转轨道平面的夹角与地球接近，因此它也有与地球上相似的季节，一季时长约为地球的两倍，还存在热带、南北温带和南北寒带。

火星上受到的太阳辐射只有地球上的 40% 左右，因而火星的表面温度比地球要低 30℃以上。由于大气层很薄，保温效果很差，地表昼夜温差超过 100℃的现象很常见。火星上的赤道地区平均温度在 20 ~ 80℃之间，极地则在 –70 ~ –140℃。相比其他星球，火星真是“气候宜人”。

火星上以二氧化碳为主的大气既稀薄又寒冷，沙尘悬浮其中，常有尘暴发生。尘暴是火星的特有现象。由于火星重力较小，大气稀薄，尘粒一旦被吹动，很容易被卷入高空而迟迟不会下落。

每年火星大约有 100 次地区性尘暴，全球性的尘暴几乎每个火星年都有。全球性的尘暴从一个地区开始，尘埃高达几千米，尘粒上升到空中后吸收了更多的热量，从而使这种不稳定加剧，于是规模像几何级数那样迅速扩大开来，数天之内席卷全球。

火星表面的风化浮土层含有大量的氧化铁。氧化铁中的铁是三价，显红色。这层浮土居然有 20 米的深度，当火星被太阳光照射时，就显得越发火红。

氧化铁又称三氧化二铁、烧褐铁矿、烧赭土、铁丹、铁红、红粉、威尼斯红（主要成分为氧化铁）等，为红棕色粉末。化学式 Fe_2O_3，溶于盐酸。

生活中常见的铁锈就与氧化铁有密切的联系。铁锈主要由三氧化二铁水合物和氢氧化铁组成。

我们通过下面的实验来观察铁如何生锈。

如何防止铁生锈

注意事项

铁钉较尖锐，小心被划伤。

材料

8 个铁钉、砂纸、塑料杯、盐、水、油、胶水、胶带。

步骤

①用砂纸打磨铁钉，除去原本的氧化层。

②将铁钉用水清洗干净后擦干。

③取 1 个塑料杯写上“盐水”，放一勺盐，倒入清水搅拌，直到溶解。另外取 1 个塑料杯写上“水”后倒入清水。

④把 2 枚铁钉分别放进 2 个塑料杯中，观察发生的现象。

⑤定时记录发生的现象。

⑥另取 2 枚铁钉，缠上一层胶带，重复步骤 3~5。

⑦另取 2 枚铁钉，涂上一层油，重复步骤 3~5。

⑧另取 2 枚铁钉，涂上一层胶水，重复步骤 3~5。

⑨把结果记录在表格中，分析原因。

耐人寻味的火星河流

时空记录

地点：高教授的办公室

天气：晴空万里 25℃

开启课堂

小凯越发觉得火星很神奇。在以前的训练中他明白了人类要想生存必须要有水资源，可是在火星上究竟有没有水资源存在呢？

课后，百思不得其解的小凯来到高教授的办公室，他想请教一下高教授，从而解开心中的迷惑。说明了来意，高教授缓缓地说道："火星上原来是有河流的，这已经被科学家们证实了。火星上有一个巨大的陨石坑，被命名为埃伯斯瓦尔德撞击坑，这个区域在很久很久以前也许就是一个湖泊。

"几十年前人类就成立了火星科学实验室，任务就是要确认火星是否曾有适合生命产生的环境。目前的期望是可以从登陆地点带回的样本中发现生命曾经存在于火星的遗迹。为了安全完成任务，火星探测器必须要有一个宽 12 米的平坦圆形区域。地质学家希望探测器能在液态水曾经存在的区域降落，进一步寻找火星存在液态水的证据，观测结果显示埃伯斯瓦尔德撞击坑的土壤和岩石下可能埋藏有大量冰川，所以埃伯斯瓦尔德撞击坑是我们探寻火星河流的最佳探测器着落场。"

"那火星上还有没有其他的一些证据可以佐证水资源的存在呢？"小

凯急切地继续追问。

“当然有啦。对啦，小凯，你知道藤蔓吗？”高教授反问到。

小凯有些丈二和尚摸不着头脑，试探性地说道：“就是那个歪歪扭扭的藤蔓？”

“也许吧，你想不想知道目前已知的最大藤蔓？”高教授微微笑了一下说。

“嗯嗯”小凯迫切地点了点头。

随着高教授下达的一条语音信息，一张令人赞叹的照片出现在小凯的眼前，一条条藤蔓清晰可见。

小凯看着照片有些迷糊：“这……，这……，这……，这是化石吗？”

“当然不是啦”，高教授有些得意还有点神秘地接着说：“这是我们火星探测器在火星上空拍到的一张非常珍贵的照片。其实这些貌似‘藤蔓’的是一条条的壕沟，这些小峡谷在火星上延伸。这些峡谷看似渺小，如果在地球上，实际上类似于从我国首都北京绵延至南方的海南省，总长大约2253.1 千米。这种峡谷的存在意味着此处曾经是流动的河流，它可是火星上曾经有河流存在的最大证据，是经过多年的冲刷所形成的。”

“原来在火星上真的有河流！那为什么现在消失不见了？”小凯似乎知道了答案，似乎又有了新的思考。

高教授摸着小凯的头缓缓说道：“人类探索火星水资源的道路一直没有停歇，也许是因为上亿年间火星上的地质变迁，也许是因为火星大气层的改变从而导致水蒸发，也许还有其他的也许吧。”

科学情报

火星上的水

火星大气中所含的水分极少，总量只有区区 4 亿吨，大约占万分之一。这些水还不及太湖的 1/10, 如果把它们铺在火星表面，只能形成一层厚度仅 0.01 毫米的“水膜”！

但是火星地表遍布流水的痕迹，有些是洪水刻画而成，有些则是降雨冲刷或地下水流动而形成。

火星上曾经有洪水，说明它一定有过温暖湿润的气候，这大大鼓舞了人们探索火星的生命。但是滔滔洪水哪儿去了？怎么会变成今天这样极为干燥的荒漠？这是火星留给人们的最大悬念。

火星南北极有明显的极冠，与地球两极的冰雪也不同，它的主要成分是“干冰”——固态的二氧化碳。极冠中当然也含有水结成的冰，但数量不多。这层干冰在北极约 1 公尺厚，在南极则约 8 公尺厚。干冰在夏季会升华进入大气，不过南极的干冰并不会完全升华；到冬季时二氧化碳又会冻结成干冰。

土壤和水分是植物生长所必需的，但是水却会侵蚀土壤。侵蚀是指土壤或者其他固体因为风、冰和水等自然因素从地表分离的现象。

侵蚀既是一个有益的过程也是一个有害的过程。侵蚀可以促进土壤形成：山脉被侵蚀而形成大石块，大石块被分解为小石块，小石块再进一步分解为沙粒，沙粒和其他土壤成分混合形成土壤。然而，侵蚀也会破坏土壤，造成水土流失。

模拟雨如何影响土地

器材

混有沙石的土、黏土、长方形塑料水槽、小铲子、饮料瓶、锥子、水。

步骤

①在掺有沙石的土里加入适量水，在长方形塑料盒中堆一个斜坡地形，并用小铲子拍紧。

②准备一个饮料瓶，在瓶盖上扎一些小孔，做成喷水器。在饮料瓶中装满水，盖上瓶盖。

③用手挤压喷水器，让水喷洒出来。

④观察并记录“雨水”降到“地形”上时发生的现象。

⑤换黏土，重复上述步骤。

寻找火星有机化合物

时空记录

地点：火星训练营

天气：多云 25℃

在火星训练营里，为了一则消息，同学们发生了争论，这让一向安静的课堂变得喧闹起来。

事情的缘由是这样的，高教授在讲到火星有机化合物的时候展示了一段视频，其中谈到了 2018 年 6 月 7 日，美国宇航局发布了“好奇号”火星车的一项研究成果。在着陆的火星盖尔环形山中，“好奇号”对四个不同区域的被称为泥岩的沉积岩进行钻孔取样，这些泥岩是在几十亿年前古湖底淤积而逐渐形成的。岩石样品由“好奇号”的样本分析器进行分析，粉末状的岩石样品加热超过 500 摄氏度后，能够检测到样品释放出的小分子有机化合物。这些碎片中的某一些含有硫，这有助于它们在火星严酷的环境中保留下来，就像在地球上含硫的有机物更耐用，比如头发、指甲和汽车轮胎。科学家表示，虽不能就此证明火星曾经存在生命，但人类无疑在寻找火星生命证据的路上又前进了一步。

小凯看完后，发表了自己的观点：“我认为，火星岩石中的有机分子既然含有碳元素和硫元素，那么就可以肯定火星上存在生物，就是不知道他们藏在哪里，好期待和火星人交朋友啊。”

“我反对！”小丽站起来大声说。

“反对我们和火星人交朋友？”小凯疑惑地望着小丽。

小丽白了小凯一眼，继续说道：“谁反对你和火星人做朋友啦！我认为，火星上的有机化合物是彗星和小行星撞击而来的。”

高教授翘了翘他的白胡子，鼓励小丽继续往下说：“讲讲你的理由。”

“2018 年的时候，就有科学家怀疑火星上的有机物质几乎完全是搭载着微小‘行星际尘埃粒子’被带往火星的，因为新的研究发现火星上大约三分之一的有机物质是由小行星和彗星撞击而来的。为了确定这一点，研究人员建立了太阳系的计算机模型，其中包括数十万颗小行星和彗星。然后，他们用一台超级计算机进行多种模拟运行。在运行了几周的模拟之后，研究人员惊讶地发现，每年 192 吨的碳元素中，大约三分之一是由彗星和小行星造成的。更具体地说，他们发现小行星每年输送大约 50 吨有机物质，这些发现也与最近的发现相吻合，所以小凯的判断是错误的。”小丽一口气讲完，原本白净的脸庞因为激动而变得红润起来。

顿时大家开始了激烈的讨论，同学们也分成了两派。

此时，胖球也加入了“战队”，它有意变换了另外一种声调，阴阳怪气地说道："外星陨石带来火星有机化合物！真是好笑，难道陨石经过大气层燃烧，还会留下有机化合物？"

"胖球，你才是笑话呢！火星哪里来的大气层！"还没有等到小丽反击，小丽的机器人美美就抢先呛了胖球一下。

一时间，胖球明白自己犯了常识性错误，竟然一时语塞，灰溜溜地躲到了教室的墙角。

小凯看到胖球窘迫的样子又好气又好笑，他举手要求发言，得到高教授点头许可后平和地说："我很钦佩小丽同学，看来她查阅了不少资料。其实火星没有磁场和大气的庇护，几乎真空，地表和土壤浅层受到太阳和宇宙射线的疯狂轰击，有机物很难保存。"好奇号"的发现毕竟是事实，这样都能发现有机物，只能说明深层土壤中可能含量更多，或许只有深层土壤才是特殊生命或古老生命的庇护所。"

小凯的发言得到了大家的一致认同，看来火星表层的下面还蕴藏着更多的奥秘等着我们去探寻。

对于这一场"火力"十足的论战，高教授不但没有生气，反而非常高兴。他语重心长地对同学们说："大家课前都是做足了功课，科学家们对大气及岩石粉末样本的这些分析结果，并不能揭示火星上是否存在过活的微生物，但这些发现确实揭示了今天的火星在化学上仍在活跃，也揭示了远古的火星上存在适宜生命的环境。"

科学情报

我们在说物质的组成时，必须指对应的元素。

比如二氧化碳这种物质是由氧元素和碳元素组成的；水这种物质是由氧元素和氢元素组成的；甲烷这种物质是由碳元素和氢元素组成的。

然而在讲分子的组成时，就必须指出对应的原子。例如：每个二氧化碳分子是由两个氧原子和一个碳原子组成的；每个水分子是由两个氢原子和一个氧原子组成的；每个甲烷分子是由一个碳原子和四个氢原子组成的。

为了更好地理解元素，我们用积木来打比方。化学元素就好比是一块块的积木。我们可以用积木搭建汽车、小狗、机器人、飞机等等。而在物质世界中，天上飞的、地上跑的、水里游的……，所有你看到的、摸到的、闻到的、吃到的物质都是由化学元素组成的。

小常识

有机物是生命产生的物质基础，所有的生命体都含有机化合物。生物体内的新陈代谢和生物的遗传现象，都涉及有机化合物的转变。此外，许多与人类生活密切相关的物质，如石油、天然气、棉花、染料、化纤、塑料、有机玻璃、天然合成药物等，均与有机化合物有着密切联系。

果冻晶莹剔透，口感软滑爽脆，是一种深受人们喜爱的食品。制作果冻用的凝冻剂通常是蛋白明胶，它被煮沸后再冷却就会凝固，从而把果冻“冻住”。

我们的胃里含有一种能够分解蛋白质长链的蛋白酶，可以消化明胶。除了胃液，某些水果和一些洗涤剂中也含有蛋白酶，它们也可以破坏果冻中的蛋白质，让果冻看起来好像被“消化”了一样。今天的实验，我们就来试验蛋白酶“消化”果冻。

果冻怎么化了?

器材

加热炉、锅、含蛋白明胶的果冻粉、3个盘子、勺子、纯净水、菠萝、含酶的洗涤剂、不含酶的洗涤剂、小刀。

步骤

①把50克果冻粉放入锅中，加入100克纯净水烧开，边烧边搅拌，直到溶解。

②冷却，等待果冻成为胶状。

③把果冻切成3份，分别放到3个盘子中。

④把菠萝切碎，用勺子压出汁。

⑤在第一盘中加入适量不含酶的洗涤剂；在第二盘中加入适量含酶的洗涤剂；在第三盘加入适量菠萝汁。

⑥记录观察的结果（可能要几个小时）。观察时可以用勺子轻轻触碰果冻，看看哪个盘子中的果冻化了。

分析讨论

①果冻融化时，其中的哪种成分发生了变化?

②含酶的洗涤剂和菠萝为什么能使果冻融化?

③为什么有些洗涤剂会含有酶?

15 同样的四季变化

时空记录

地点：公园

天气：晴空万里 28℃

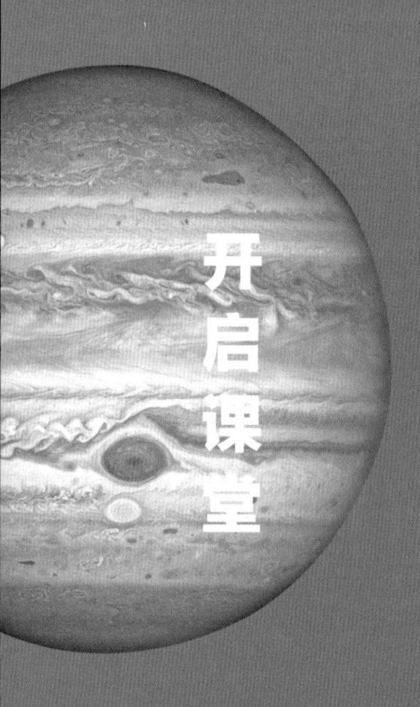

开启课堂

自立夏以后，天气逐渐变得越来越热。今天是周末，小凯早上起床后围着公园慢跑了一圈，随着运动量的增加，额头上渗出了点点的汗珠。

胖球可不喜欢锻炼，它在公园的草地上胡乱溜达，一会儿追逐一只蜻蜓，一会儿蹭蹭路边的花草，身上沾满了清晨的露水。其实胖球每次陪小凯晨练也就是想出来散散心。

"胖球，你在哪里？"小凯完成了锻炼开始召唤胖球，听到主人的声音，胖球立刻飞奔而去。此时，小凯坐在一张长椅上，吃着刚买的冰淇淋好不惬意。

"小凯，冰淇淋好吃吗？"胖球用满是羡慕的眼神望着小凯。

"要不我也帮你买一个，给你解解馋。"小凯有意逗一逗胖球。

"呜呜，我是充电的啊，吃不了冰淇淋，不过我有嗅觉传感器，可以闻闻。"胖球说完，凑到小凯面前闻了闻冰淇淋，然后眼皮耷拉了一下，无比郁闷地说："好香的草莓味！小凯，你能把我送回工厂帮我升级一个味觉传感器吗？我也想尝尝味道。"

"可以啊，不过以后我可要注意冰箱里面的食物不要让你偷吃了。"

说完，小凯自己都笑了起来。开完玩笑，小凯认真地问起了胖球关于火星的问题：“胖球，你说前几天天气还很凉爽，这几天转眼温度就升高了，在火星上也有四季变化吗？”

“当然有啦，不过并不是所有的星球都有四季变化，而是火星的一些特质决定了它和地球一样拥有四季。”胖球这次回答得非常迅速。

“那你查一下你的资料库，详细说一说，行吗？”

“稍等片刻，马上就好”，随着“吱吱”声，胖球开始了他的搜索。

“1781 年，天文学史上大名鼎鼎的天文学家威廉·赫歇尔，根据火星上那些标记随着火星自转而移动的方式，推断火星的自转轴也是倾斜的，而且倾斜的角度几乎与地球自转轴倾斜的角度相同。既然这样，火星就应该像地球那样有冬去春回，寒来暑往。”

“那四季的时长和地球一样吗？”小凯急切地问道。

“那倒不是，我们知道地球一年时间的长度是 365.25 天，除了月球亦步亦趋地跟着地球绕太阳旋转，一年的时长相同外，在太阳系的其他天体上，一年的长度是有差异的。在类地行星中，火星上的一年最为漫长，有 687 个地球日。虽然火星上的季节变化方式与地球相同，但是四季中每个季节的时长肯定是不一样的。根据观测，地球上各个季节长度的差异最多不超过 5%，而火星上北半球的春季竟比秋季长 1/3 左右。”

小凯接着问：“那每个季节的温度差异和地球一样吗？”

“火星上的四季温度变化差异也和地球不一样。由于火星绕太阳公转的椭圆轨道比地球椭圆轨道要扁，火星南北半球的四季温度差异比地球上更为显著。另外，因为火星上每个季节的时间比地球上长一倍，再加上火星比地球离太阳远，所以火星上的每个季节都比地球上相同的季节要寒冷。”

听完胖球的说明，小凯不禁若有所思地喃喃自语道：“这样看来，未来登陆火星后如何改变火星气候环境是一件非常重要的事情。”

火星的运动

科学情报

火星围绕太阳公转的轨道并非正圆，最近时离太阳 2.065 亿千米，最远时为 2.491 亿千米。

火星的轨道半径长约为 1.52A.U.，绕太阳公转一周要 686.98 地球日，1.88 地球年（以下称年）；自转周期为 24 小时 37 分 23 秒，其一天的长度和地球非常接近。

火星的自转轴倾角为 25.19°，和地球的 23.5° 差不多。因此，火星上也有四季变化，每季长度约相当于地球上两个季度的长度。

火星公转轨道为椭圆形，绕太阳公转轨道的偏心率为 0.09（地球只有 0.017）。因此火星在轨道上运行时，与地球的距离在较大范围内变化。

当地球和火星运行到太阳的同一侧，差不多排列在一条直线时，称为“火星冲日”，冲日前后火星与地球的距离最为接近。大约每两年两个月出现一次火星冲日，但每次冲日时火星和地球的距离也不相同，在 5570 万至 12000 万千米之间变化。根据计算，每隔 15~17 年会出现一次与地球相距特别近的冲，称为“大冲”，此时是观测火星的最佳时刻。

亦真亦幻的神话传说

时空记录

地点：未来学院火星研究基地外广场

天气：晴空万里 29℃

开启课堂

火星训练营的夜晚非常的恬静和美丽，深邃的天空万里无云。经过一天的知识学习和体能训练，小凯洗完澡后暂时不想回宿舍，于是就在小广场的长椅上坐了下来。遥远的星空里，火星或隐或现，显得神秘无比，小凯心中对这颗星球充满了渴望和向往。

不知不觉中，小丽带着她的机器人美美来到了小凯的身边。她知道小凯的心事，于是也坐了下来，自顾自地聊起了天："在古代，人们就开始对火星进行观测并赋予了它无数美丽的传说。"

"是吗？"小凯侧过身用期待的眼神望着小丽，希望她接着往下说。"因为它在夜空中看起来是血红色的，同时古代西方世界普遍信赖占星说，所以火星在占星学上被认为是战争、灾难和突发的行星，西方人们以希腊神话中的阿瑞斯以及罗马神话中对应的战神玛尔斯命名它。有趣的是，这两个王朝对战神的评价不同。阿瑞斯是希腊十二主神之一，他是天神宙斯和天后赫拉的儿子，希腊人并不喜欢他，将他描绘成喜欢杀戮、斗争、屠杀的神祇，而且每战必败。但是到了罗马时代，他得到了平反，他被赐予和火星等同的能

量，后来更直接被称为玛尔斯，一跃而成为英俊的战士、勇敢的战神，甚至罗马人还建构了一个‘玛尔斯广场’用以练兵呢。”

接过小丽的话茬，美美用她那稚嫩的声音说道：“在我们中国，古人也对火星有过观测和记录。火星在中国古代被称为“荧惑”，因为火星荧荧似火，行踪捉摸不定，故而获得了“荧惑守心”的恶名。”

“荧惑守心？”小凯有些不解。

美美解释道：“是的，这是火星的著名天象，指的是火星在星空中发生运行方向的改变，其运行方向或由顺行转为逆行，或由逆行转为顺行，并且停留一段时间的现象。历史上所有实际发生过的“荧惑守心”天象共有 38 次。中国史籍中全部的‘荧惑守心’记录共有 23 次，最近的一次荧惑守心发生在 2016 年 8 月 24 日。”

“美美的知识真渊博”小凯发出啧啧的赞叹声。

美美获得赞扬后调皮地眨了眨眼睛，接着说道：“荧惑守心”在中国古代是大凶之象，常与悖乱、残贼、疾、丧、饥、兵等凶相联系。《史记》记载：“荧惑为悖乱、残贼、疾、丧、饥、兵。反道二舍以上，居之，三月有殃，五月受兵，七月半亡地，九月太半亡地。因与俱出入，国绝祀。

“有意思的是，古人经常将一些历史上的著名事件和‘荧惑守心’之象联系起来，有秦始皇末年、西汉汉成帝二年以及三国魏文帝末年的三件大事。其中，秦始皇末年的那次‘荧惑守心’后不久，便爆发了大泽乡起义，秦国灭亡。魏文帝那次‘荧惑守心’后不久，魏文帝死。而汉成帝那次人为伪造的‘荧惑守心’，逼死了宰相翟方进，翟方进死后不久，汉成帝也死了，随后王莽专权。”

小凯听着不禁感慨万千：“看来古代的人真的非常愚昧啊！”

小丽倒是不同意小凯的说法，她说：“我可不认为古人愚昧。反而充分体现了古人对“荧惑守心”带来凶兆的信仰，也表现出了古人对天象的自然朴素认识。”

“小丽说得真好！”旁边传来高教授的声音。

高教授满怀笑意，白色的大胡子在夜空下显得越发洁白，他开心地搂过小丽和小凯，语重心长地说：“当然，以今天的科学眼光来看，中国古代对‘荧惑守心’的解释包含了太多迷信的东西。不过今天的我们大可不必被‘荧惑守心’的寓意所困惑，这就是一个正常的天文现象。但它却是我们了解古代天文现象、了解古人思想文化、了解古代政治变迁的方便渠道，体现了我们中华民族自古以来的天人感应、人与自然和谐共生的理念。”

“啊！流星！”小凯伸手一指，满眼的憧憬。只见一道闪光从弯弯的月牙旁边划过天际。

胖球说：“流星是在宇宙空间中游荡的小石块或者金属块，当它们接近地球时，由于受到地球引力的吸引，就会越来越快地落向地球。当它们穿过空气层的时候，会与空气发生剧烈的摩擦，温度也就会越来越高，最后突然燃烧起来，发出一道耀眼的光芒。”

“流星燃烧了自己、照亮了别人。”小凯说：“高教授，我突然想到一个问题，流星会跌落到地球，那月亮为什么不会跌落到地球呢？”

高教授开心地说：“哈哈，这个问题有意思。我们后面就来讨论这个问题。”

实验基地

倒退的火星

器材

一个红色的小球、一个大球（地球仪更好）、一名助手。

步骤

①在一个大房间或者到室外进行此实验。

②让你的助手靠近墙站立，你离墙远一些站立。

③让助手往前走 5 米。

④请你的助手拿着“火星”（红色球）和墙平行向前移动，速度不要太快。

⑤你把大球举到合适的高度，视线越过手中的大球，观察助手手里的“火星”所挡住的背景物体。

⑥你用更快的速度向前走。

⑦继续观察助手拿着的“火星”另一侧的背景物体。

⑧当你超过你的助手大约 3 米时，两人都停下来。

结果

你落后于助手时，你需要朝前看才能看到助手经过的背景物体。但是当你超过助手时，你必须向后看才能看到背景物体。

解释

这是一种错觉，如果让第三个人从远处观察，会发现你的助手实际上并没有后退，这只是因为你们的相对位置不同，从而造成的错觉。

在大多数时间里，从地球上观察火星，会发现它是向前移动的。但是，地球运行速度比火星快，大约每两年的时间，地球就会在绕日的轨道上领先于火星。这时从地球上观察火星，会发现它“逆行”了。

17

为什么月亮不掉到地上

时空记录

地点：未来学院火星研究基地

天气：晴空万里 25℃

今天，队员们早早来到了教室。

只见屏幕上写着一行大字——“苹果落地与人造卫星”。

“为什么月亮不落到地球上？这要从一个有名的苹果说起。”

“苹果？！”

“对啊！话说有一天，大名鼎鼎的物理学家牛顿看到一个苹果从树上掉到地上……”

小凯：“啊！苹果不是砸在牛顿脑袋上了吗？”

“关于这点，说法不一。这个故事我就不详细说了。但是，据后来有些专家考证，牛顿并非偶然看到苹果就想出了万有引力定律，而是在前人研究的基础之上经过长期思考的结果。”

小丽问：“高教授！苹果为什么会掉到地上，而不是飘向外太空？”

“万有引力！”同学们一起说。

“对！因为地球有一股巨大的引力，它使劲地把一切东西都往下拉。牛顿接着又想，地球的引力能把多远的东西吸过来呢？月亮高高在上，地球是不是也在吸引月亮呢？如果是的话，那为什么月亮不掉到地上来呢？”

“是呀！为什么月亮不掉到地上呢？”小凯眨着眼睛问。

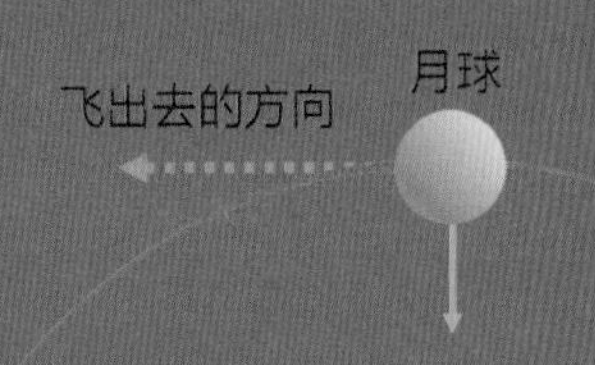

“牛顿认为月球实际上也像炮弹一样在不停地往地球上掉！它一边不断地向前飞，一边又由于地球的吸引不停地往地球上掉落——看起来就是拐弯，拐呀拐呀，就拐成一个椭圆了。这就是为什么月球没有掉到地上的原因”，高教授说。

小凯同学激动地站起来:“我明白了，原来人造卫星之所以没有掉下来，也是这个道理。”

高教授说：“对，地球一直在吸引着月球，就像地球吸引炮弹一样。图中这根垂直向下的箭头，就表示地球对月球的引力。假设这种引力不存在了，那月球将会怎样运动呢？它会沿着切线方向，也就是最上面这根水平箭头的方向飞出去。那么人们是靠什么发射卫星的呢？”

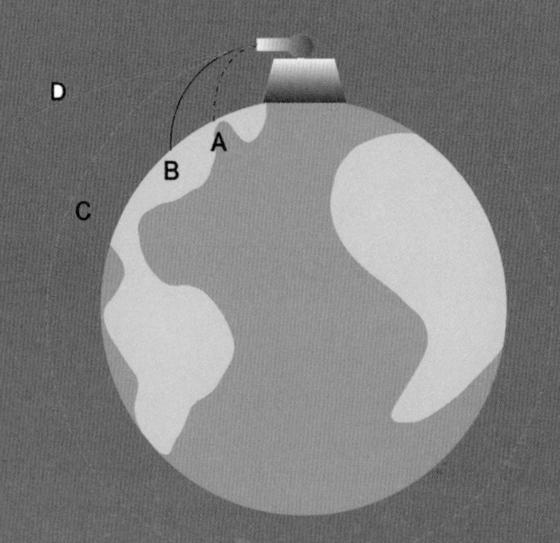

“火箭！”小凯脱口而出。

“好！明天就由你们来讲讲火箭。”

高教授布置了课后作业，让大家查找资料，明天上课讲解为什么火箭可以飞向太空。课后大家立即开始查找资料。

科学情报

其实，重力和引力也有细微的差别。重力加上地球自转产生的向心力才是地球对我们的引力。只是由于向心力比较小，所以重力近似等于引力。如果是在地球的两极，就感受不到地球的自转，也就没有向心力。这时，我们受到的重力就等于引力。

问题：在太空中，航天员处于失重状态，那么航天员是如何称体重的?

八大行星从内到外公转速度越来越慢

太阳系八大行星的公转速度从里到外是逐渐减小的。这可以按照匀速圆周运动的公式推导出来（虽然太阳系八大行星的公转轨道并非圆形，但速度与距离的变化关系是基本相似的）。

八大行星公转的周期和平均轨道速度如下

（按照与太阳距离由近及远排列）:

行星名称	公转周期	公转速度（千米/秒）
水星	87.70 天	47.89
金星	224.701 天	35.03
地球	365 天 5 时 48 分 46 秒	29.78
火星	686.98 天	24.13
木星	约 11.86 年	13.06
土星	约 29.5 年	9.64
天王星	约 84 年	6.81
海王星	约 164.8 年	5.43

向心力实验

器材

绳子、胶带、小玻璃球、螺丝钉、塑料吸管、剪刀、纸杯。

步骤

①根据身高剪一段长绳子。

②把玻璃球用胶带粘在一端

③剪一段吸管，把绳子另一端穿过吸管后，绑在纸杯上。纸杯开口向上。

④在纸杯中装一些小螺丝。

⑤拿住塑料吸管，甩动绳子在你头的上方转圆圈。

⑥在转圈的过程中，请一个助手往杯中增加小螺丝的数量，观察结果。

⑦改变转圈的轨道半径，观察有什么不同。

发现

你会发现，当杯中螺丝较少时，随着玻璃球的转动，绳子会从吸管伸出，使旋转半径越来越大，旋转的速度会随之而减小。这时请助手快速往杯中扔螺丝，看看有什么变化。

科学原理： 旋转的玻璃球产生了离心力，绳子给玻璃球提供了圆周运动的向心力。如果螺丝较少，向心力太小，绳子就会从吸管伸出，这时助手扔螺丝就可以增加重量，从而使向心力增大。

旋转的玻璃球就像太阳系里的行星，围着太阳旋转。这里没有绳子，太阳对行星的万有引力提供向心力。从这个实验我们能发现，转圈越小，小玻璃球速度越快。实际上太阳系的行星离太阳越远转得越慢。

18 火箭里的科学

时空记录

地点：未来学院火星研究基地

天气：晴空万里 29℃

开启课堂

今天首先上台的是小丽。“人们自古以来就梦想飞到天上。但是，地球的吸引力那么大，怎么才能克服地球的吸引而飞出大气层呢？”

“火箭！”同学们异口同声地回答。

“对！从牛顿时代，人们已经知道了宇宙速度。一个物体要达到每秒钟 7.9 千米的速度，才能围绕着地球转圈，而不至于被地球引力拉下来。但实际上，因为地球被一层很厚的空气包裹着，所以这个速度还是远远不够的。火箭在大气层内飞行的时候，会受到空气的阻挡而使速度逐渐降低。因此，火箭的速度至少得达到每秒钟 9 千米。

“那么为什么火箭能达到这么快的速度呢？这就要从我们小时候玩的一种玩具‘冲天炮’讲起。”

冲 天 炮

“冲天炮？”有同学感到不解。

“对！它们二者之间有着相同的原理。‘冲天炮’在我国古代就出现了。”

“冲天炮是烟花的一种，又被称为钻天猴、钻天、窜天、小火箭。在木杆的一头粘上火药筒，点燃引信后它就向后喷出一串火花，嗤的一声，飞到空中后炸开。”

“火箭的原理和“冲天炮”很像，都是反冲运动的结果。它们都运用了牛顿第三定律，又叫做作用力与反作用力定律。”

“我们要知道火箭真正的目的是要把载荷（如飞船、卫星、仪器等）送上天，而火箭的大部分壳体和发动机、燃料箱等是没有必要被送上天的。但是在原有的设计上，这部分又跟随火箭一直飞，等到燃料燃烧完了，它们就成了包袱了。而且它们还占了大部分重量。如果我们想办法把燃烧完燃料的壳体和发动机、燃料箱扔掉，火箭剩下的部分就轻了，加速也就容易了。

“于是多级火箭就诞生了。简单说来，就是把燃料箱做成好几段，用完一段就丢一段，这可使燃料所占的比例大为减小，人们称之为‘火箭列车’。”

科学情报

火箭列车

火箭列车是怎么把宇宙飞船送到地球外边去的呢?

它是由多支火箭连接在一起而组成的一只大火箭，被称为多级火箭。

为什么单独的一支火箭达不到宇宙速度，而多级火箭却能够达到呢?

先让我们看一看，多级火箭是怎样飞行的吧!

多级火箭发射的时候，第一级也就是最下面的一级先启动，把整个火箭推向空中，当第一级火箭里的燃料烧完了，它就自动脱落。假设这时能加速到每秒钟 3 千米。

然后第二级火箭立即启动，把火箭剩余的部分向上推，并且继续加快速度。等到燃料烧完了，第二级也自动脱落。假设这时能加速到每秒钟 6 千米。

这时第三级火箭启动，继续把火箭余下的部分向上推，并且继续加快速度。假设这时能加速到每秒钟 9 千米，就能围着地球转圈子，不再掉下来了。

根据以上发射过程，我们可以看出，多级火箭之所以能达到这样高的速度，是因为每燃烧完一部分燃料以后，就扔掉一部分空壳和发动机等设备，从而使余下的部分越来越轻。这样继续加速所需要的燃料就越来越少了。

火箭发射

器材

吸管、细线、气球、剪刀、胶带、夹子。

步骤

①将细线穿进吸管中，然后把线的两端绑在柱子上，保持细线水平。如果没有柱子，也可以请同伴拉紧线的两端。

②给气球吹气，用夹子夹住气球口。

③用胶带将气球粘到吸管上。

④松开夹气球的夹子，气球像火箭一样冲了出去。

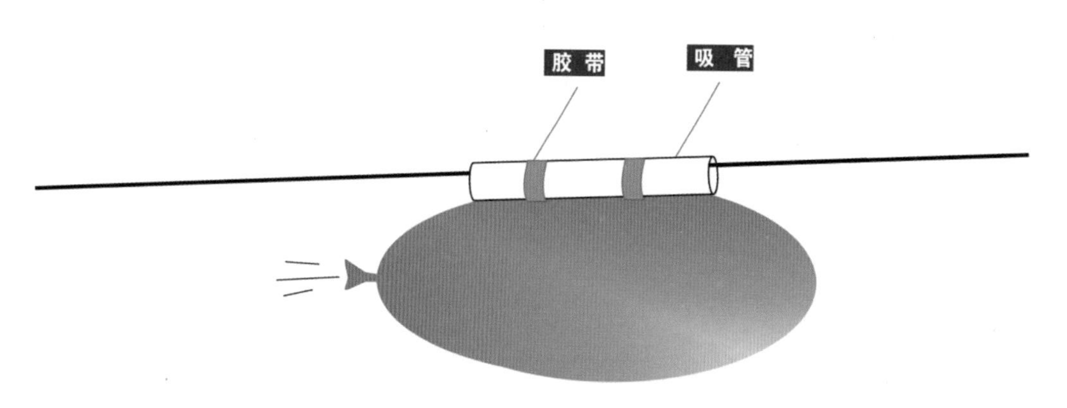

实验原理

根据牛顿第三定律：相互作用的两个物体之间的作用力和反作用力总是大小相等，方向相反，作用在同一条直线上。当我们松开气球口的夹子后，气球内被压缩的空气就从气球口猛烈地冲出来，给气球一个反作用力使得气球向前飞行。

火箭升空时，气流向后高速喷出，对火箭产生反作用力推动火箭升空。火箭不依赖空气，所以火箭在外太空也可以飞行。

19 人类孜孜不倦的探寻

时空记录

地点：火星探测器陈列馆

天气：多云 29℃

开启课堂

火星训练营的火星探测器陈列馆中，高教授一边引导着大家，一边讲述着人类探寻火星的历史："小营员们，我们地球人类使用空间探测器进行火星探测的历史几乎贯穿整个航天史。几乎就在人类刚刚有能力挣脱地球引力飞向太空的时候，第一个火星探测器也开始了它的旅程。最早期的探测器几乎都失败了，而火星探测也就是在一次又一次的失败中不断前进。"

"其中，苏联人迈出了第一步。1960 年 10 月 10 日，苏联向火星发射了第一枚探测器。紧接着就在四天以后，即 1960 年 10 月 14 日，第二枚火星探测器升空。然而，这两枚火星探测的先行者却连地球轨道都没能到达。1962 年 10 月 24 日，当火星又一次运行到合适的位置时，苏联的第三枚火星探测器升空了，然而这次它也是仅仅到达了环绕地球轨道而已。1962 年 11 月 1 日，苏联向火星发射了火星 1 号，这枚探测器成功进入了前往火星的轨道，并且计划于 1963 年 6 月 19 日到达火星。然而，当 1963 年 3 月 21 日它飞行到距离地球 1.06 亿千米的距离时，却与地面永远失去了通信联系。三天以后，即 1963 年 3 月

24 日，苏联的又一枚探测器升空，这枚探测器同样面临着失败的命运，仅仅到达环绕地球轨道，此后火箭未能再次成功点火，两个月后堕入地球大气层烧毁。”

等到高教授停顿的间隙，小凯举手提问道：“苏联的火星探测计划可谓是屡败屡战、勇气可嘉啊。那其他国家的探测计划进展顺利吗？”

高教授继续往前走，指着两个放在一起的探测器模型继续说道：“在火星探测的道路上别的国家其实也不太顺利。1964 年，美国先后向火星发射了两枚探测器：‘水手 3 号’和‘水手 4 号’。‘水手 3 号’于 12 月 5 日发射升空，然而探测器的保护外壳未能按预定计划成功与探测器分离，导致探测器偏离轨道，最终导致发射失败。‘水手 4 号’于 23 天后发射升空，这是有史以来第一枚成功到达火星并发回数据的探测器，‘水手 4 号’于 1965 年 7 月 14 日在火星表面 9800 千米的上空掠过火星，向地球发回了 21 张照片。”

小营员们听了以后也都唏嘘不已，他们知道在人类探索未知世界的过程中，从来就没有过所谓的一帆风顺。

陈列馆里鸦雀无声，只有高教授那娓娓道来的声音：“随后，1971

年美国又发射了‘水手 9 号’，成为首枚环火星运行的探测器。这枚探测器在火星轨道上传回了 7329 张火星照片，这些并不清晰的黑白图像显示了火星表面沟壑纵横的河床和巨大的火山口。其中，火星上最引人注目的水手峡谷就是由‘水手 9 号’发现的。同时，探测器也首次拍摄到了火卫一和火卫二的照片，一系列发现让人们把目光从当时火热的登月逐渐转向了火星。

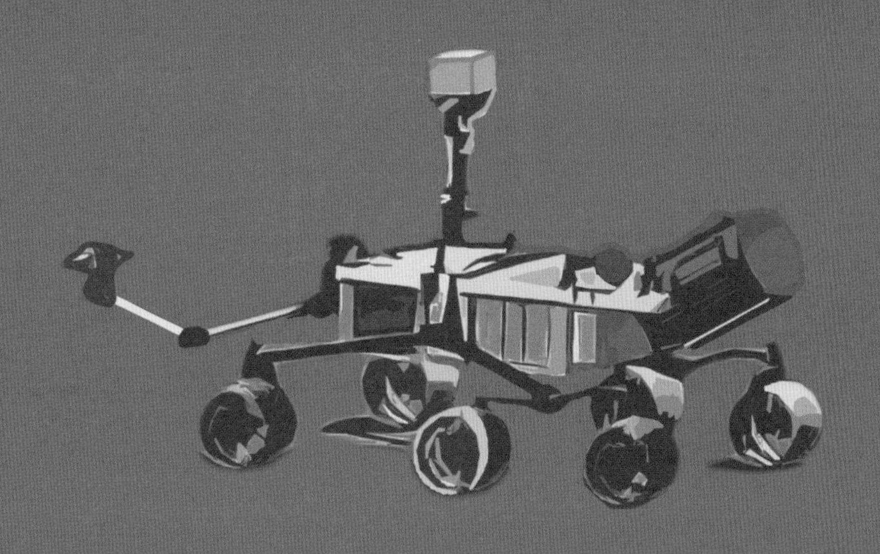

“之后，美国、苏联、欧洲又陆续发射了多个火星探测器。为了从火星地表中找到生命存在的痕迹，美国在 1997 年发射了首辆可以移动的火星车——‘旅居者号’，这也是首个在外星球上自由行动的探测器。虽然这辆重达 10.5 公斤的火星车在三个月里只行进了 100 米，但它使用的降落方式和探测器结构一直沿用到现在。”

“高教授，您能说一说还有哪些具有代表性的火星探测器吗？”小凯越听越觉得有意思。

高教授略微思考了一下：“我认为需要着重提及的是美国的‘好奇号’，这辆高科技满满的火星车在 2012 年着陆后一直正常运行到现在，虽然已经严重超出设计运行的上限，但除了车轮磨损和电池功率下降以外，‘好奇号’身上的主要设备基本运行正常，车身 900 公斤的重量也是人类进行远程投放的最重物体。当然，‘好奇号’也不负众望地完成了许多重要任务，传回的数万张照片中发现了许多充满争议的事物，这也是人们坚信火星上曾出现过生命的原因。”

“好奇号”火星探测器是美国国家宇航局研制的一台执行探测火星任务的火星车，于 2011 年 11 月发射，2012 年 8 月成功登陆火星表面。它是美国第七个在火星着陆的探测器，第四台火星车，也是世界上第一辆采用核动力驱动的火星车，其使命是探寻火星上的生命元素。

20 敢于问天的“天问一号”

时空记录

地点：家

天气：阴 29℃

公元2020年7月23日，中国海南文昌航天发射场。“十、九、八、七……，点火”，随着指挥员铿锵有力的指令声，“天问一号”由长征五号遥四运载火箭发射升空，成功进入预定轨道。

每每看到这段视频，小凯的心中都会不由地激动和自豪。在国际上首次通过一次发射，实现火星环绕、着陆、巡视探测，使中国成为世界上第二个独立掌握火星着陆巡视探测技术的国家，这可是我们伟大的中华民族第一次在火星上留下“中国印迹”。

“小凯，我们国家相比于欧美，虽然起步晚，但是进步却非常大呢。”爸爸来到小凯身边，拍了拍小凯的肩膀和蔼地说。

爸爸是一名信息技术工程师，平时也特别热爱天文、航空方面的知识，正因为爸爸的熏陶，小凯才迷上了火星探测。

“爸爸，登陆月球用的是‘嫦娥’作为代号，

而登陆火星使用‘天问’作为代号，有什么特殊的含义吗？”

爸爸悠然地喝了一口茶，竟然朗诵起来诗句：“‘遂古之初，谁传道之？上下未形，何由考之？’，这是我国著名诗人屈原‘天问’中的前两句。”

“屈原，就是那位铁骨铮铮的楚国大夫？”小凯知道屈原的一些故事，

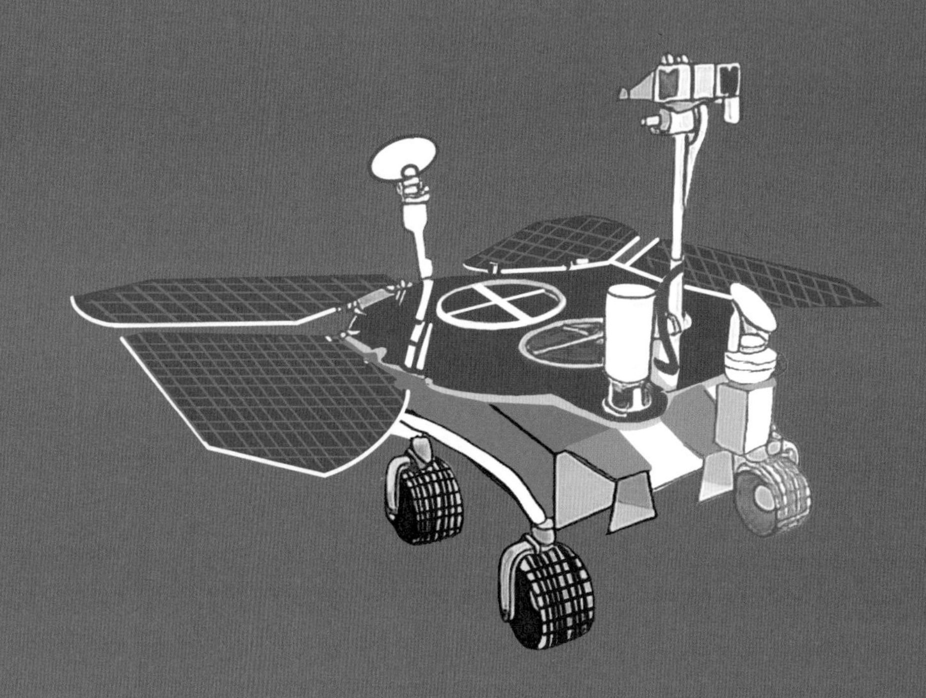

但是对《天问》这首诗却没有太多的印象。

“是的，他还是一位忧国忧民的爱国诗人，《天问》是其代表作之一，诗句中通篇都是屈原对于天地、自然和人世等一切事物现象的发问。从天地离分、阴阳变化、日月星辰等自然现象，一直问到神话传说乃至圣贤凶顽和战乱兴衰等历史故事，表现了屈原对某些传统观念的大胆怀疑。人们敬佩他追求真理的探索精神，所以给我们的火星探测计划起了个‘天问’的名称。”经过爸爸的进一步解释，小凯明白了其中缘由。

“‘天问一号’探测计划是非常成功的。2021 年 5 月 19 日，国家航天局发布了火星探测‘天问一号’任务探测器的着陆过程，以及两器分离和着陆后火星车拍摄的影像。我们的着陆平台和‘祝融号’火星车的驶离坡道、太阳翼、天线等机构均正常展开到位。6 月 7 日，国家航天局发布了中国首次火星探测‘天问一号’任务着陆区域的高分辨影像图。图像中‘天问一号’着陆平台、‘祝融号’火星车及周边区域情况清晰可见，这些成就可真是了不起啊。”爸爸拍了拍小凯的脑袋补充。

小常识

‘天问一号’任务火星车的高度有 1.85 米，重量达到 240 公斤左右，设计寿命为 3 个火星月，相当于 92 个地球日。2020 年 7 月 23 日 12 时 41 分，在中国文昌航天发射场由长征五号遥四运载火箭发射升空。

科学情报

入住火星虚拟舱

时空记录

地点：火星虚拟舱

天气：多云 31℃

今天的小凯非常兴奋，他终于可以进入到火星虚拟舱进行各项适应性训练了。

为了模拟火星地质环境，火星虚拟舱训练营设置在一片戈壁沙漠中。其典型的雅丹地貌群、自然风光、气候条件使之成为大家眼中“中国最像火星的地方”。经过长达 6 个小时的奔波，小凯觉得有一些疲惫，但是在看见火星虚拟舱的那一刻，他还是被深深地震撼到了，所有的疲惫和倦意一扫而空，乳白色的建筑在黄色的沙丘盆地中尤为璀璨夺目。

“真的太壮观了！”小凯和一同前来的胖球不约而同地发出惊叹声。

小营员们来到宽敞而又明亮的火星虚拟舱大厅，半球形的穹顶显得非常气派，迎面一块巨大的数据显示屏实时提供各项虚拟舱的参数，所有的一切都是那么科幻，小凯感觉有一丝丝的不真实，像是在做梦。

“大家好！欢迎来到火星虚拟实验基地。”听到高教授的问候声，小凯的思绪立刻被拉了回来。在高教授的身旁还有一位机器人朋友，小凯觉得非常面熟：“胖球？”可是胖球就在自己的身边，那这个机器人又是？

也许是看出了小凯的疑惑，高教授微笑着说："我来介绍一下，这是我们这座火星虚拟舱的讲解员，名叫'墩墩'。他和'胖球'一样都是出自火星时代科技公司，下面由他带着大家参观。"

"小营员们，欢迎大家来到火星生态模拟实验室，这座实验室长30米，宽12米，共有5个功能区域，分别是飞行控制舱、娱乐健身舱、生活居住舱、物资储备舱以及科学实验舱，可以模拟火星登陆舱以及登陆后小型火星基地的环境特征。在此期间，大家将共同经历为期两周的训练和生活。"小凯一边饶有兴趣地听着墩墩的解说，一边好奇地打量着周围的一切。

在墩墩的引导下，小营员们开始有序地参观。"这5个功能区域是模块化组装，根据任务的不同灵活搭配。而且各个区域都有独立的温度、湿度等气候控制系统，可以满足不同的任务需求。首先，大家看到的是飞行控制舱，它不仅可以控制火星登陆舱的飞行姿态，还总控全体舱室的运行，是名副其实的大脑中枢机构。"

沿着廊道，墩墩接着介绍："这是娱乐健身舱，在这里大家可以进行体能训练，当然也可以看看电影、听听音乐，从而缓解大家的心情。"

“现在我们来到的是生活居住区，大家以后的生活起居都在这个区域。为了保障火星探险者们的生活质量，科学家们为大家研制了最新式的太空胶囊舱，可以辅助睡眠并进行健康监测，确保各位有充足的精力来探险。”

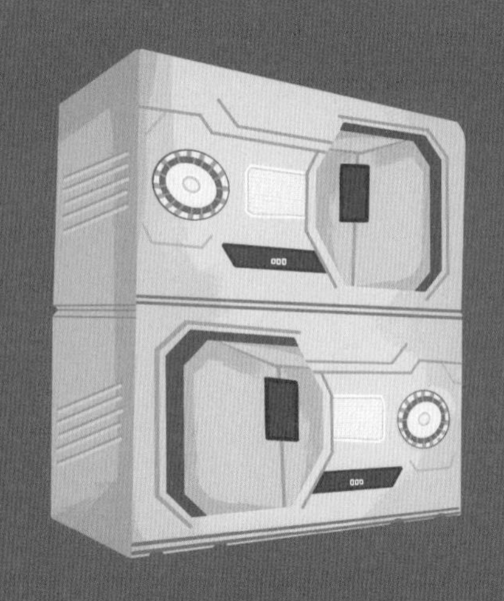

随着又一道气密门的开启，小凯和小营员们一起来到物资储备舱，这个舱室的温度明显比其他舱室要低一些。墩墩讲解得很仔细，如数家珍地说道：“从地球到火星大约需要七个月的时间，为了保障旅途的顺利，物资保障是必不可少的。这里不仅储备有在地球上采购的商品，还有一片种植饲养区。这片种植饲养区采用独立温控，其中种植部分占地面积约20平方米，共分四层无土栽培箱，这样一来就有80平方来培育蔬菜，可以满足大家的日常饮食和营养摄入。饲养区主要是一些小动物，至于绝大部分肉类都是冷冻食品啦。”

小凯知道，科学家们早就研制出了“火星快餐”。这种快餐类似于压缩饼干，富含人体所需的各种营养元素，确保火星登陆过程的饮食保障。在火星舱中增加种植饲养区，一方面是为了提高人们的饮食体验感，另一方面是为了在火星上建立种植区做好准备。

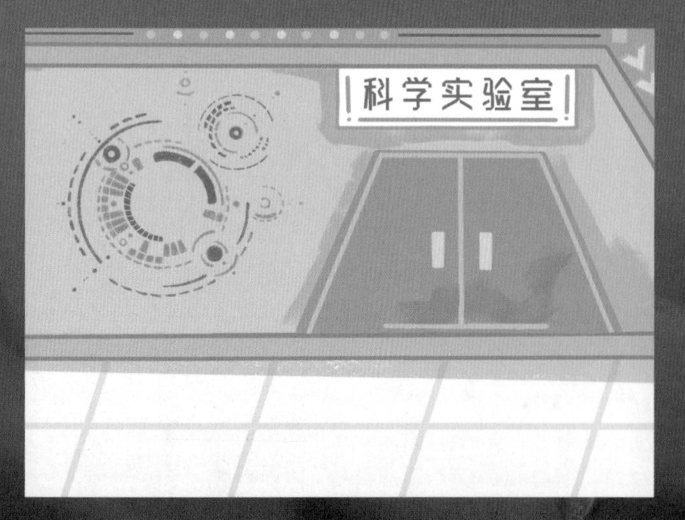

最后的一个舱室自然就是科学实验舱啦！小凯对这里面的环境布置并不陌生。在未来学院火星研究基地也有类似的实验室，只不过这里的科学实验室是全密封的，对排气和排污系统的要求更加高而且更加接近真实。

“今天的介绍比较简略，幸好我们还有好些日子可以相处，如果有什么疑问可以随时联系我。”墩墩讲完，大家都情不自禁地鼓起掌表示感谢。

胖球趁着墩墩介绍完，忙不迭地挪到墩墩身边：“墩墩，你好厉害！好羡慕你在这里工作，你能教我一些火星模拟舱的知识吗？”胖球真的害怕墩墩拒绝它，所以态度非常诚恳。

“哪有那么麻烦，我们打开彼此的快速传输通道，我来把资料发给你。”其实胖球想多了，墩墩不仅爽快而且热情。

看着在墙角依偎在一起正在“嘟嘟嘟”忙着传输数据的胖球和墩墩，小凯不禁笑了：“真是一对可爱的活宝。”

上厕所——看似简单，实则不容易

科学情报

为了避免在失重环境下站立不稳，航天员上厕所时必须坐在精心设计的马桶上。两脚放进固定的脚套里，用安全扣把腿部固定住，腰间用腰带绑好，用手扶着手柄。

大小便要对着不同的收集孔。如果是大便，不用水冲，而是用特制的抽气机将粪便吸进收集容器里，每解一次，就会更换一个。如果是小便，则利用抽气机将其吸进一个特别形状的杯子里，经过橡皮管灌进污水池，然后经过“再生生保系统”处理再次使用。气体经过除味、杀菌等处理后也会再次使用。

在太空中，由于身子飘浮不定及心理因素，许多宇航员都有解不出大、小便的经历。所以，在地面时他们就必须练习坐着、躺着、甚至变换着各种姿势进行大、小便。

宇航员在飞船外进行太空漫步时可以随时“方便”，因为他们的太空服配备了超吸湿性的成人尿布，可以吸纳近 1000 毫升液体。

22 火星新居民，我准备好了

时空记录

地点：火星虚拟舱

天气：多云 31℃

开启课堂

入住火星虚拟舱的这些日子，虽然与在外面的状况有着天壤之别，但是小凯乐在其中。无论是工作还是生活，他都过得非常充实。

小营员们住在舱内跟外界几乎隔绝，每天只能通过延时 20 分钟的通讯方式联系，这完全是模拟火星和地球之间的现实条件。生活物资比较紧缺，一天之中只提供一次物资，吃的是“火星快餐”、罐头、奶粉、冷冻干货等，当然还有少量的绿色蔬菜，这主要是得益于现代化的无土栽培系统。另外，每两天提供一次水。当小营员们有出舱任务，需要穿上沉重的宇航服，而且氧气有限。

同时，还进行了航天专业技术训练、体能训练、失重训练、离心机训练、密闭空间心理训练、水槽训练、野外生存训练、出舱模拟器训练等 8 大类 140 多个科目训练。另外模拟了几次紧急事件，包括电力中断、工具损坏、强辐射情况下紧急撤离等。小凯认为，这些实验都是必要和真实的，毕竟在去往火星的路途中充满了艰险和未知，只有通过了心理承受能力和应急能力的考验，才能胜任火星登陆计划。

模拟失重训练时，一个架次的飞机将沿抛物线连续十多次的俯冲、拉起。开始，经常有队员呕吐，后来就成为家常便饭了。水槽训练时，他们身着 100 多公斤重的水下训练服，在深水里反复训练各种舱外活动技能。由于训练强度太大，首次训练结束后很多同学连筷子都拿不住。在第一次进行前庭功能训练时，刚刚做到 5 分钟，小凯就已经脸色苍白、满头大汗，整整一天都吃不下饭，可是后来也习以为常了。

转眼间，火星登陆人员的考核就要在火星训练营开始了。二十名小营员中只有五名成员才能通过考核，淘汰率还是非常高的，小凯必须打起十二分的精神来对待。

对于理论知识考试以及体能测试，小凯都已经轻松应对。可是接下来的面试环节，他还是有一丝丝的紧张，这也是淘汰率最高的环节。在面试的人员里，小凯看见了小丽，小丽扎了个丸子头，脸上洋溢着自信的表情。看来，小丽今天准备非常充分，小丽也看见了小凯，她向小凯笑了笑比出了加油的手势。

当会议室外的显示屏中显示小凯名字的时候，小凯深深吸了一口气走进了面试室。室内有一张大会议桌，正面是四位评委，中间坐着的就是高教授。今天的高教授表情严肃，和以往大不相同。

当小凯在对面坐下，最左侧的一位评委率先问道：“小凯，你好！你认为人类登陆火星的意义是什么？请你简短回答。”

一瞬间，小凯思绪万千。他想起了刚刚记事的时候，妈妈就给他讲牛郎和织女的故事；当他刚刚上幼儿园，爸爸就送给他一台小型天文望远镜，陪他一起遥看空中的星星。此时，他脑海中又闪现了屈原的“问天”，又想起了霍金。

他稳了稳情绪回答道：“45 亿年前，火星与地球几乎同时起源。但为什么后来这两颗星球会走上如此不同的道路，只有地球产生生命，而目前火星却是一片荒凉，我认为人类登陆火星的意义并不是寻找什么稀缺资源，而是不断地探索未知世界从而造福人类。”

显然，评委们对小凯的回答很满意。此时，高教授清了清喉咙，凝视着小凯说道：“小凯，在前面的考核中，你都名列前茅，说明你很刻苦也很优秀。如果你能成为此次登陆火星的一员，你有什么想和你队友们说的吗？”

此时小凯已经不再紧张，他挺了挺腰板，立刻说道：“探索火星是科学之所在、是挑战之所在、是未来之所在！”

高教授脸上终于露出了笑容，他高声问道：“作为首批火星居民，你准备好了吗？”

“准备好了！”小凯的回答坚定而又洪亮。

航天员选拔与训练

航天员的训练分为三个阶段，总共要学习十几门课程、几百种技能。

第一阶段是基础理论训练和救生与生存训练等。基础理论包括空气动力学、飞行动力学、气象学、天文学、地球物理学、火箭和飞船的原理、结构、导航、通信、设备检测等。救生与生存训练包括发射前的紧急撤离、飞行中的救生训练、着陆后的出舱训练、野外生存训练等。

第二阶段是专业技术知识和单项技能训练，包括航天器操控、紧急状态和故障处理、航天装备的操作和维护、飞行时生活和工作用品的使用、交会对接、出舱活动、舱外作业等等训练。

第三阶段是飞行程序和任务训练。此阶段，航天员要学习各种飞行文件，然后模拟各种情况下的飞行训练。

在这三个训练阶段中，还穿插进行体质训练、心理训练和航天环境适应性训练。

在地球上，航天员是在水下模拟失重条件训练的。舱外航天服重达几百斤，航天员穿好之后是没有办法自由行动的，需要借助起重机进到水池中间。同时，航天员身上还要装备相当数量的铅块来平衡水的浮力，从而模拟一个接近于微重力的环境。

看起来在水里飘着挺好玩的，实际上整个训练过程非常艰苦。航天员每次训练长达 5~6 个小时，他们的体重在训练之后会掉大概 3~4 斤。

我们坐在汽车上时，如果车子突然提速，会感觉整个人压在椅背上，如果坐过山车就更能够体会到这种感觉。速度一起来后背会整个压在椅子上面，人几乎没有办法动弹。

我们在过山车上承受的重力是自己体重的 2 倍，就已经觉得很难过了。当火箭加速的时候，加速度比过山车大得多，航天员会感觉自己身上压了 7~8 个跟自己体重一样的人。

飞向火星的日子

紧张而又充满未知的火星之旅开始了。小凯是太空飞船中物资保障组的负责人，他要全面负责成员们的生活起居，势必会有许多的问题等待他来解决，看来只有将在地球火星训练基地中所学的知识进行融合才能保证这趟旅途的顺畅。

奇妙“太空屋”

时空记录

点：文昌航天发射基地、天地往返飞船

气：晴空万里 25℃

拿到“火星探险者”证书的那一刻，小凯激动的泪水已经在眼眶中打转了，他登陆火星的梦想终于要实现了。小凯的证书编号是“003”，这也将成为他在团队中的代号。

海南，文昌航天发射基地。长征九号运载火箭高耸入云，正静静地矗立在发射台上，这是我国最新研制的太空运载火箭，近地轨道的运载能力达到了 90 吨，小凯一行十人就要搭乘这个“大家伙”飞往我国在十多年前就建立的“太空港”——太空航行的中转站。所有队员先在太空港停留 2 周做适应性训练，确认所有人员都适应太空旅行之后再编队飞往火星。

在此次登陆火星的团队人员中，有很多都是熟悉的面孔，高教授也在列，他是团队的核心，也是团队的负责人。毫不意外，小丽也成功入选，今天的她穿着航天员常服，标志性的丸子头搭配着微笑的面容，显得非常干练和飒爽，她被任命为飞行控制官。小凯因其专长被任命为物资保障官，虽然是“官”，但他的手下只有胖球。

说来搞笑，胖球居然也能被选中。考虑到登陆舱的容量，这次火星登陆任务只安排了两位伴随机器人，他们将被编列在十人团队之外。至于胖球为什么能在众多机器人中脱颖而出，看来是上次在火星虚拟基地和墩墩之间的数据传输起了巨大的作用。另一个伴随机器人名额则被称为“美丽精灵”的美美夺得，美美对胖球的入选很不以为然，它认为胖球是靠“作弊”赢得选拔的，所以一直都不愿意搭理胖球。

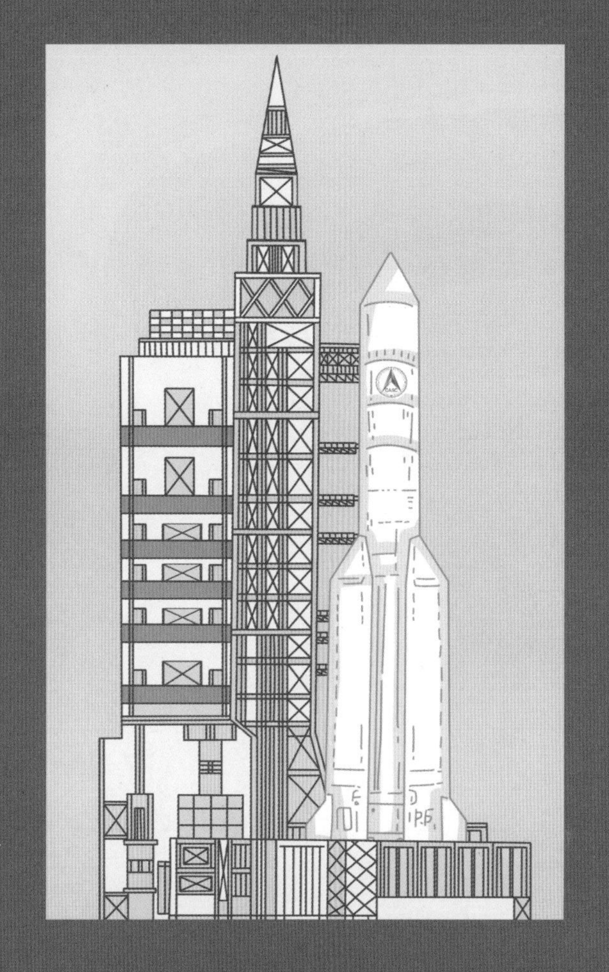

发射的时间点日益临近，小凯一行人穿着宇航服，坐在各自的工作岗位上，等待着起飞的那一刻。

“轰隆隆”——火箭点火升空了，小凯感觉到一阵阵震颤。随着舱箭分离，飞船进入轨道，这种震颤也就消失了。

“舱室气压正常，氧气数据正常。”随着耳机里传出小丽的指令声，大家都脱掉宇航服换上了常服。

小凯这才有机会好好地眺望太空。浩瀚无际的宇宙中，黑色的幕布上繁星点点，如飞舞的萤火虫。回望地球，一个晶莹的水蓝色球体裹着一层薄纱悬浮在空中，正在逐步远去。

虽然在之前的训练中曾经从大气层外看过地球，但这是小凯第一次从这么远的地方看地球。在惊讶于地球的美丽时，他心里既有喜悦，又有担忧。

不过这种感觉没有持续多久，高教授的声音就响起了：“虽然你们之前都多次训练过，但我们今天是第一次真正地吃太空餐，我先给你们做示范，然后再用餐。”

航行中第一次吃饭，大家还是觉得有些新奇。餐桌上都是包装好的食品，看标签有粳米粥、椰蓉面包、什锦炒饭、奶酪蛋糕、五谷饼干、苹果罐头、鱼香肉丝、雪菜黄豆、五香鲽鱼、香酥鱼、酱香鸡肉肠、油焖冬笋、美味雪菜、紫菜蛋花汤、柠檬茶、温胃饮，还有一些没看清楚标签的小包装食品。看着这么多美食，小凯不由地吞了下口水。

高教授说："就餐区有加热炉和冷藏设备。飞船所携带的食品种类有100多种，除了各式各样的主食，还有多种零食，如脆心巧克力、蟹黄蚕豆、冰淇淋、香辣豆干等，也有少量新鲜的蔬菜和水果。"

"为了方便食用，食物一般都加工过，采用真空袋、牙膏管或软罐头来包装，以适合较长时间保存。肉类装在罐头中，可以用加热炉加热；汤、橙汁、咖啡等装在塑料容器中，食用前隔水加热。"

"身处太空，没有经过固定的物品都会飘来飘去，食物也一样。所以吃东西的时候要特别小心，防止食物残渣乱飞。下面我给大家示范下。"

高教授把脚固定在地板上，然后再把身体固定在座椅上。

"这样可以避免飘动。大多数食物都被加工成小块，而且无骨、没有残渣，达到了'一口吃'的标准。整个用餐过程中动作要轻柔、协调。动作太猛，饭菜可能会飘走，夹菜夹饭使用叉子效果较好。张嘴闭嘴要迅速，因为即便是放到嘴里的食物，不及时闭嘴也会'飞'走；咀嚼速度要慢，细嚼慢咽有利于消化，还可以减少废气和排泄物。"

然后，他拿起一支"牙膏"一点儿一点儿往嘴里挤。小凯看到"牙膏"上面写着"土豆泥"。高教授又打开了一包脱水蔬菜，把袋子接到注水机上，注入水后，脱水蔬菜一会儿就变成蔬菜汤了。

"飞船里的水和液体饮料都是装在特制的袋子里，冰红茶、绿茶、橙汁、咖啡等饮料一应俱全，可以通过吸管或者挤压袋子饮用。用杯子喝是不可能的，因为在倒的过程中水和饮料就会飘起来。”

高教授看见好奇的小凯把一个水珠飘到了空中，就严肃地说：“千万不要让水飞出来！你知道太空中漂浮的水珠有多危险吗？轻则沾到人身上，比如眼睛、耳朵里，让人感觉非常不舒服，重则可能会让人被‘淹死’。”

“在太空里被淹死？”小丽正在看漂浮的水珠，听到这里不由惊奇地问。

“是的！这不是危言耸听。2013 年，意大利宇航员卢卡在国际空间站进行例行舱外维修时，宇航服的冷却水系统由于堵塞部分水涌入头盔里。要知道，在太空里水并不会‘向下流’。虽然水不多，但还是渐渐覆盖了卢卡的眼睛和耳朵，导致他听不清也看不清。更危险的是水覆盖了他的鼻子导致呼吸困难！因为在舱外，不能取下头盔，卢卡试图通过摇头来甩掉水珠，没想到情况反而更加糟糕。幸亏他及时中断任务，返回飞船，才没有发生生命危险。如果晚一点就不堪设想了。”

听到这里，众人都不由得倒吸了一口凉气，小凯连忙把飘在空中的水珠用嘴巴接住。

“如果你在太空中不小心流泪了，眼泪不仅不会向下流，还会一直粘在眼睛周围。这还不算最严重的，如果水珠飘进鼻子里，那就和游泳时呛水的感觉没什么两样。所以，吃饭、喝水、洗澡、大小便都需要万分小心！”

“餐后还要打扫卫生，做好垃圾分类，保持舱内整洁。食品包装袋要放到专门的大收纳袋里。湿垃圾也要另外回收，在太空中漂浮的‘在逃纸巾’、食物碎屑、包装袋等都要清理干净。”高教授一边说话，一边伸手稳稳地抓住一片纸巾。

“要知道，悬浮在空中的食物残渣或水珠一旦被航天员吸入，就会造成窒息甚至危及生命。因此，飞船里所有垃圾都要收集起来装入收纳袋。”

等高教授讲解示范完毕，大家纷纷学着高教授的样子开始太空用餐。虽然不像地面上的食物那样色香味俱全，但味道还算可口，而且还有各种

调味品供大家选择，比如盐、酱油、辣椒、番茄酱、蛋黄酱、胡椒等。粉末状的调味料也被做成了液体以免飘散。

无肉不欢的小凯连吃了好几份咖喱牛排，又吃了 3 个慕斯蛋糕，然后喝了一杯饮料。

不久之后，飞船到达了太空港。大家在这里做适应性训练，虽然很多项目都是以前训练过的，但大多都是在地面进行，与在太空中还是有明显区别的。更重要的是适应性训练是为了考察每个人是否能够适应在封闭空间中的长期生活、工作。

为期两周的训练很快就结束了，因为他们在前期经历了很严格的训练，所以都轻松通过了本次的选拔。

飞往火星的日子终于到了，5 艘飞船舰队向火星飞去。在中间的是主舰，旁边是 1 艘同型号的备用飞船，另外还有 1 艘货运载人两用飞船（紧急情况下可以改为载人飞船）、2 艘运货飞船。

小凯来到飞行控制舱，看到了让他目瞪口呆的一幕，舱室前方的显示屏上一颗颗陨石清晰可见，飞船正穿梭其中，看起来惊险无比。可是作为飞行控制官的小丽似乎一点也不紧张，甚至还和高教授喝着咖啡。

“003，飞往火星的感觉如何？”小丽微笑着和小凯打招呼，她没有叫小凯的名字而是用了他在飞船上的代号。

“这么多陨石，飞船会不会有危险？”小凯指着屏幕小心翼翼地问着。

“没事的，我们的飞船不仅有着优秀的全自动驾驶软件，还有上千个激光雷达传感器，躲避陨石以及太空垃圾是基本技能。”小丽的回答让小凯放心了不少。

高教授则全程没有参与话题，双眼望着窗外的浩瀚宇宙，似乎想要将这一切都看透。

科学情报

情报一　刷牙——可以吃的牙膏

在地面上刷牙很简单，可是在太空里，不能随便吐漱口水。于是，就诞生了可食用牙膏，航天员刷完牙之后，可以直接把牙膏水咽下去。

情报二　洗澡——超级简单的“洗”法

航天器中的空气非常干净，灰尘非常少，因此航天员身上其实并不会很脏，都采用站立式搓澡，说白了就是用湿毛巾擦。沐浴液之类的液体也都是航天专供的，不需要水冲，直接擦掉就好，即使残留也不会对身体有任何不利影响。

在太空中淋浴洗澡是一件极不靠谱的事情，水会飘来飘去，根本无法洗澡，操作不当还会危及乘员安全。可以在一个“包裹式淋浴间”里利用手持喷枪把自己擦拭干净。

情报三　屁大的事

正常情况下，在飞船里放屁也没有太大危害。在微重力情况下，屁不会很快扩散，而是聚集在某个位置导致非常臭，飞船有通风系统，也不会持续太久。但屁中含有氢气和甲烷，如果通风系统故障，气体大量聚集，可能会引起爆炸。

24

遇到一些麻烦事

时空记录

地点：火星地球客运飞船

天气：-110℃，舱内温度 25℃

忙碌了一天，到了睡觉的时间，小凯来到自己的卧室。这是一个很小的舱室，一个人躺下后就没有多少空余的位置了。不过，能有单独的卧室已经比以前的条件好多了。

在失重的环境里脚踩不到地，四周全是“天”，根本分不清楚“上”、“下”，睡觉也就没有了“平躺”一说，站着、躺着、趴着都可以入睡，甚至可以飘着睡、挂着睡、吊着睡。但小凯还是喜欢躺着睡。

小凯先检查睡袋是否与舱体连接好，然后钻进睡袋里，手臂放进去，再把自己固定住。如果不固定好的话，睡觉时会有四肢脱离躯干的感觉。另外，睡着时的轻微活动，甚至是呼吸也会使航天员漂浮起来。将睡袋固定住能施加一定压力，使身体紧贴舱体，更贴近地面睡觉的感觉。

为了保证睡眠质量，口鼻位置要保持良好的通风，体位也得保持基本固定。如果睡觉的时候头部通风不良，呼出的二氧化碳会聚集在鼻子附近，当血液中的二氧化碳超过一定浓度时，报警系统就会发出警报，叫醒航天员。

小凯关上卧室的灯，进入了梦乡。

“铃铃铃……”，铃声急促而又清脆地响起来。小凯被惊醒了，以为是二氧化碳含量超标，但等清醒了才发觉不对。于是他一跃而起，赶紧来到飞行控制室。

高教授和其他队员已经集合，大家好像在商量着什么。

“发什么了什么事情？”小凯急切地问道。

“飞船搭载的‘天眼’系统损坏了，需要出舱进行维修。”实时显示屏中，相关区域已被标为红色，小丽紧张地看着系统参数，头也不抬地说着。

“这样看来还真是一件麻烦事！”小凯搓了搓手。

“天眼”就像人类放在飞船上的超级眼睛，帮助人类发现更多的宇宙奥秘。这是最新一代的产品，体积更小，探测距离更远、分辨率更高。更关键的是以前的望远镜都位于地球轨道，会受到地球大气层湍流以及散射所造成的背景光的扰动，从而影响观测质量。而这套“天眼”系统是安装在飞船上，完全没有上述干扰。

“天眼”是安装在飞船外侧的，既然出现了故障，也就意味着必须出舱维修。在太空中出舱维修的危险系数是非常高的。作为物资保障组成员的小凯已经在地球上接受过相应的训练，他率先向高教授申请执行出舱维修任务。在出舱操作的流程中规定，出舱任务必须有两名宇航员同行，所以还需要一名队员。

“我和小凯一起出舱吧，我对‘天眼’系统的结构比较了解。”小丽也举起了手申请“出战”。

征得高教授的同意后，小凯和小丽开始了出舱前的各项准备工作。穿上厚重的太空宇航服后，小凯和小丽顺利出舱。他们首先要共同合作，把天眼“捉”住。通过近距离观察，小凯发现是固定天眼的螺栓发生了松动。要知道，整个天眼系统可不是一个小物件，这台耗资巨大的望远镜重达5吨，

体长 8 米，主镜镜面直径达 2.4 米。虽然太空中没有重力，但是让天眼归位也是不容易的事情，况且这一带是“太空垃圾”密集区，还得避开“太空垃圾”的袭击，难度就更大了。

按照原计划，小凯将独自靠近天眼，并用特制的机械臂进行拖拽，慢慢将其拖动到指定位置，然后与在舱外接应的小丽一起进行维修。但一连尝试了 3 次，特制爪扣始终无法固定天眼。更糟糕的是，天眼遭受外力后开始不规则晃动，好在舱内的高教授及时指挥队友调整飞船姿态，利用远程干预控制住了场面。

顺利固定好螺栓后，他们又检查了天眼的其他部件。也许是因为紧张，也许是太空中阳光的直射，回到舱内的小凯和小丽脱去宇航服后，脸上布满了汗水。

“好惊险啊，幸亏天眼的螺栓有备件，否则麻烦就大了。”胖球心疼他的主人，用关切的小表情看着小凯心有余悸地说。

“这个不用担心，我们电脑里存储了所有设备的原始设计图，一旦某个零件损坏，可以立即用 3D 打印机打印出来。”小凯一边记录航行日志，一边回答胖球。

科学情报

在太空中可以站着、躺着、趴着睡，甚至可以飘着睡、挂着睡、吊着睡……，很多人都觉得在太空中睡觉很奇妙，但实际上在太空睡觉并不如我们想象中的那样轻松舒适。

1. 失重状态下，人们不仅会失去方位感，还会产生四肢与躯干分离的幻觉，悬空睡觉醒来后还会因为身体下方没有任何支撑物而产生坠落的感觉。因此，在太空睡觉不像在地面上躺着睡觉那么舒服。

2. 失重会导致航天员下肢的血液流向头部和胸部，产生类似在地面上倒立的不适感。另外，由于没有重力施加在脊柱上，脊柱的伸展会刺激背部的神经和肌肉导致疼痛。

3. 睡着时的轻微活动，甚至是呼吸也会使航天员漂浮起来。因此，睡觉时要使睡袋与舱体紧密连接，再将身体和手臂固定好，对航天员施加一定压力使身体紧贴舱体，创造更加贴近地面的睡眠感觉。

4. 人们在地球上习惯了以 24 小时为周期的生物钟。这个生物钟不仅控制着体温、血压、心率等生理参数的周期，还控制着人体内促进睡眠激素与使人清醒激素的分泌。在航天器内，没有与地球上一样的日出和日落，会使人体的生物钟受到严重干扰，从而影响睡眠。

5. 多数人认为航天员处在一片寂静的太空环境中。然而，载人航天器里并不安静，生命保障系统、推进器、风扇、抽水机、发电机都会发出声音。当航天员集中注意力工作时，这些声音不会造成不适，但在睡觉时却会成为噪音。

由此可见，在太空要想睡个好觉也不简单呀！

25 走进 3D 打印

时空记录

地点：火星地球客运飞船

天气：-105℃，舱内温度 24℃

开启课堂

高教授对小凯说："小凯，你在拯救'天眼'系统的行动中，想到用 3D 打印技术来替换受损配件的办法，让我深受启发。我想开设系列太空讲座，你对 3D 打印比较了解，能给大家讲讲吗？"

"当然可以啊，我就怕讲不好哦！"小凯谦虚地说。

"没关系的，我们相信你！如果大家都学会了，那么后面许多的物资我们就可以做到自给自足啦！"高教授说的可是大实话，毕竟在太空中不能像地球上那样通过购买来获取物资，一切只能靠自己。

小凯的第一期"太空讲座"开始了，他首先讲起了一个故事。

几年前，在地球上有一只非常可怜的生下来就没有前爪的小狗，被动物救护组织救助后才勉强存活了下来，大家给它起了一个好听的名字"琪琪"。不能自由自在奔跑成了最困扰它的事情，大家也都积极出谋划策：能不能利用现代技术帮助它，从而实现它的奔走梦想？

于是人们想到了3D打印技术，他们对“琪琪”的体型进行了测量和3D扫描，成功建模后为它量身定做了一副既舒适又牢靠的“假肢”，这个小家伙别提多兴奋了。

小凯讲得精彩，大家都被这个故事打动了。

机器人美美举手示意有话要说，小凯顿了顿：“美美，你想问什么？”

美美显然有些困惑，它有些迟疑地说道：“我总是有一种感觉，3D打印技术无法应用于大量生产。前些年，一些在产品建模上已经驾轻就熟的制造商尝试利用3D技术来生产iPhone，可这些3D产品上不能添加电子元器件，无法达到量产标准。同时，受到材料的限制，可以生产的产品种类也很少，即使生产出来也是一摔就碎，我真不知道3D打印技术在生活中的推广度究竟如何。”

美美的问题得到了大家的共鸣，小伙伴们开始小声议论起来。小凯明白大家此刻的所思所想，他并不急于解释，而是又讲起了另外一个故事。

在南美洲大陆上，墨西哥塔巴斯科州不仅处在地震带中，而且经常洪水肆虐。恶劣的地质环境让当地人苦不堪言，他们平均每天只靠3美元来生活。因此，建造能够承受地震，在大雨中保持干燥并且物美价廉的房屋成了居民们的迫切要求。科学家们想到了利用3D打印技术来改善他们的居住环境。他们使用了一台长约10米的名为“Vulcan II”的3D打印机，通过系统控制输出混凝土混合物，每次可建造一层墙壁。

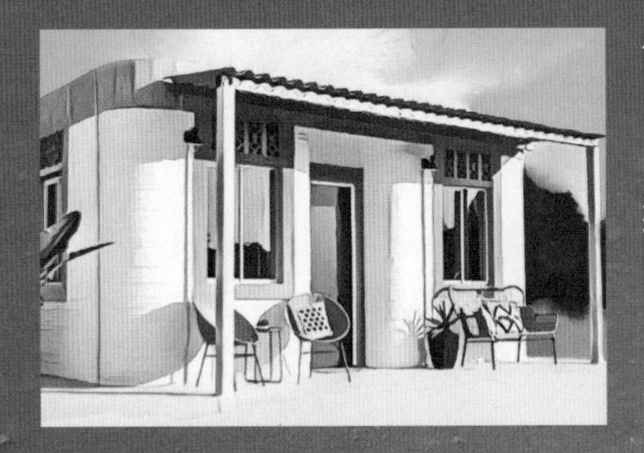

在24小时内，它同时建造了两栋50平方米的房屋，比正常速度快一倍。混凝

土混合物比传统混凝土更加坚固，更抗震。整个建造过程高效又便宜，解决了当地人的燃眉之急。

小凯说完后，继续补充道："3D 打印的确更适合小规模制造，尤其是定制化产品。虽然主要材料还是塑料，但其他材料也已经被运用到 3D 打印中来。科学家们打印了人类器官组织；航空公司则使用 3D 打印技术改进了喷气引擎的效率；甚至，3D 打印机能打印糖果和乐器等。在我们登陆火星后，可应用的范围会越来越广，我们这次携带的'盘古 2 号'新型 3D 打印机在组装以后尺寸可达 15 米，将在火星基地的建设中发挥不可估量的作用。"

小凯说完望着窗外的浩瀚星空，远处那颗火红的"惑星"似乎越来越近。他暗暗下定决心，我们一定要在那颗星球上开辟出一片新天地。

科学情报

3D 打印技术最早出现在 20 世纪 90 年代中期，是一种以数字模型文件为基础，运用粉末状金属、塑料或者其他可粘合材料，通过逐层打印方式来构造物体的技术。

它与普通打印机的工作原理相似。打印机内装有液体或硒粉等"打印材料"，与计算机连接后，通过软件控制把"打印材料"一层层叠加起来，最终将设计蓝图变成实物。

3D 打印技术在珠宝、鞋类、工业设计、建筑、汽车、航空航天、医疗、教育等各个领域都有应用。

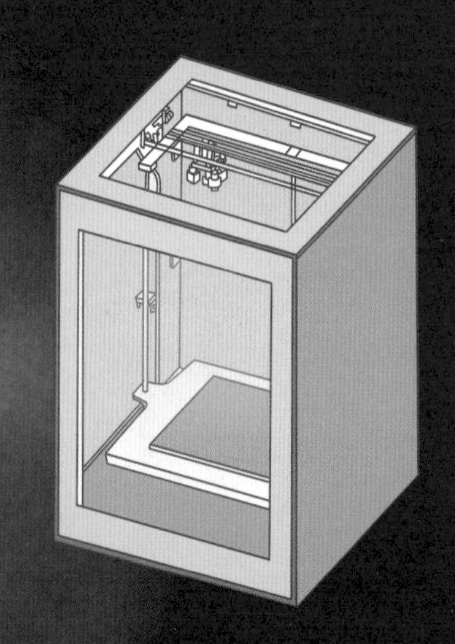

2020 年 5 月 5 日，中国长征五号 B 运载火箭上就搭载着"3D 打印机"。这是中国首次进行太空 3D 打印。

请思考，如何利用下面提供的所有材料，设计并制作一个花盆?

想一想，要完成这项工程任务，你需要知道什么? 你想了解哪些科学和技术知识? 该项任务中有哪些工程约束条件? 将你想到的记录下来。

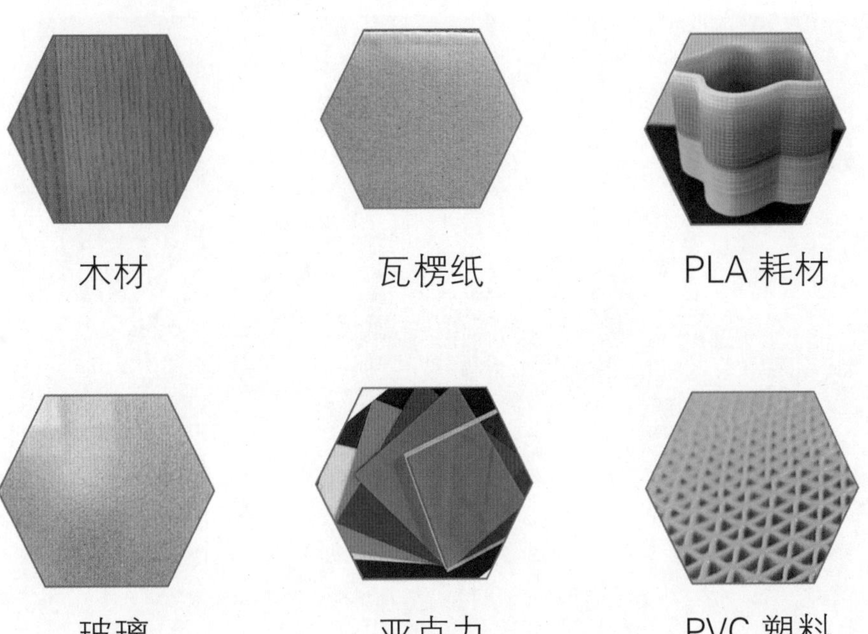

科学和技术知识：

____

____

____

____

____

26 初识三维建模

时空记录

地点：火星地球客运飞船

天气：-125℃，舱内温度 24℃

对于小凯近期的工作，高教授非常满意。在全体舱室人员的讨论会上，他为小凯佩戴上了一块明晃晃的铜质“火星勇士”勋章。小凯可是第一个获此殊荣的人。

小凯非常开心，他在物资储备舱的外面挂上一块“小凯 3D 工作室”的牌子，胖球探头探脑地走了过来，盯着牌子看了一下，满心欢喜地冲进工作室，来到电脑面前。它故作神气地清了清嗓子，对电脑说道：“你好，请给我打印一把梳子。”

看着胖球光秃秃的圆脑袋，小凯差一点笑岔气。

“笑什么啊！我又不是自己用，只是想送给小丽而已。”胖球有些恼怒了，不仅因为小凯的嘲笑，更是因为电脑对它的指令居然没有一点反应。

“我说胖球呀！你要电脑帮你打印物品，首先你得要三维建模啊。”小凯收起嘲笑认真地说。

“三维建模？”胖球有点懵圈。

小凯耐心解释道：“三维模型是建立在计算机里的，就是在平面里显示三维图形。不像现实世界里，计算机里只是看起来很像真实世界。”

“人眼有一个特性就是近大远小，会形成立体感。计算机屏幕是二维平面的，之所以能欣赏到真如实物般的三维图像，是因为显示时色彩灰度的不同使人眼产生视觉上的错觉，将二维的计算机屏幕感知为三维图像。基于色彩学的有关知识，三维物体边缘的凸出部分一般显高亮度色，而凹下去的部分由于光线被遮挡会显暗色。这一认识被广泛应用于网页或其他应用中的按钮、3D 线条绘制。”

胖球听完立刻举起了例子：“哦，那我明白了。比如要绘制 3D 文字，即在原始位置显示高亮度颜色，在左下或右上等位置用低亮度颜色勾勒出其轮廓，这样在视觉上便会产生 3D 文字的效果。具体实现时，可用完全一样的字体在不同的位置分别绘制两个不同颜色的 2D 文字，只要两个文字的坐标合适，就完全可以在视觉上产生出不同效果的 3D 文字。”

“就是这个道理”，小凯对胖球竖起了大拇指。

“好想学啊，可不可以先教我一些。”胖球展示了一个乞求的表情。

“行啊，那我们就从 3D One 开始吧。”小凯爽快地答应了胖球。

常用 3D 建模软件

科学情报

1、3D One，具备简单易用的程序环境，支持专业级的涂鸦式平面草图绘制，可进行丰富实用的 3D 实体设计，不仅能够提供多种多样的显示控制，还能通过内嵌于软件的社区网站下载 3D 打印模型。

2、3D Studio Max，是 Autodesk 公司开发的基于 PC 系统的三维动画渲染和制作软件。

请你先安装 3D One 软件。

除了 3D One 之外，你还知道哪些 3D 设计软件？ 请根据所显示的软件界面，记录下各功能菜单的作用。

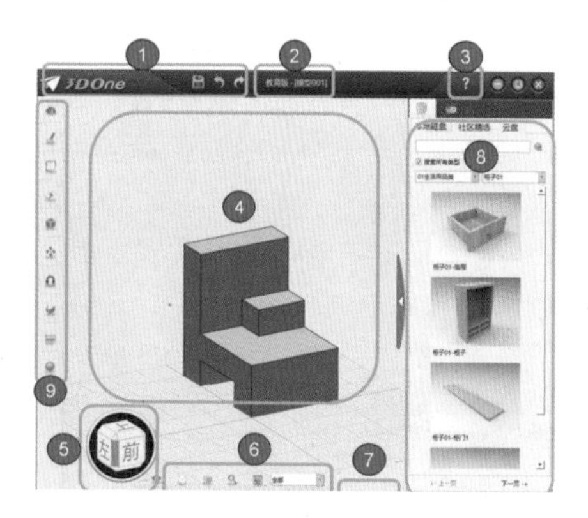

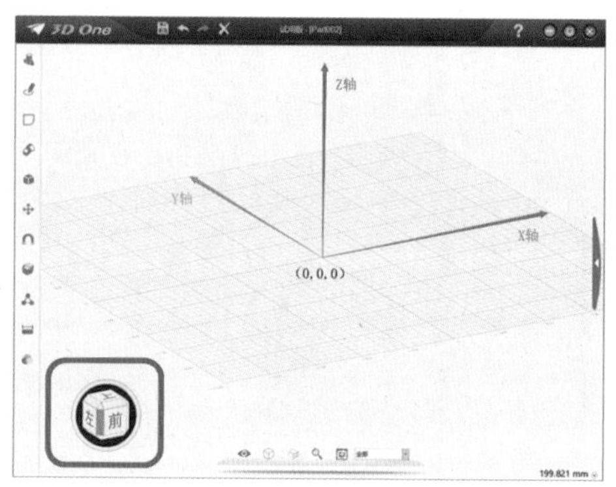

功能菜单	功能作用
①	
②	
③	
④	
⑤	
⑥	
⑦	
⑧	
⑨	
⑩	
⑪	
⑫	

动手做花盆

时空记录

地点：火星地球客运飞船

天气：-112℃，舱内温度 25℃

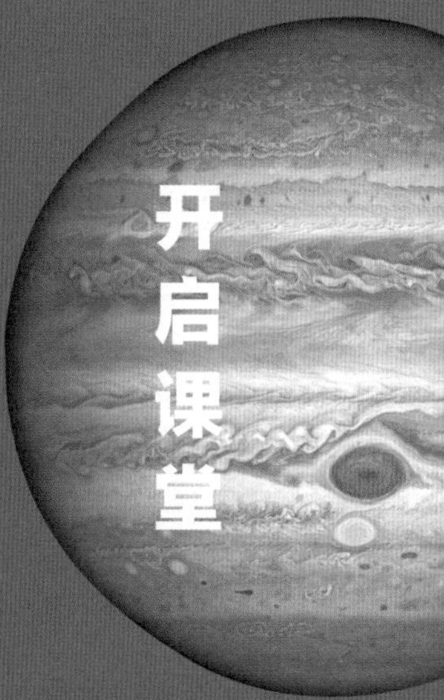

胖球哼着歌曲来到小凯身旁，显得有些得意。它俏皮地张开小胖手，手中是几颗种子。

“这是什么种子？”小凯有些不解。

“这可是高教授送给我的郁金香花的种子，我要把它培育出来看看是什么颜色的。”显而易见，胖球是一个如假包换的“婴儿”机器人，永远对一切都充满着好奇。

“我能帮你什么？”小凯对胖球的这些举动是非常支持的。一直以来，他都坚信只有实践才能出真知。

“我想请你教我做一只漂亮的花盆”，胖球闪着大眼睛巴巴地看着小凯。自从了解 3D 打印以后，胖球就一直想一试身手。

“当然可以啊！要制作一只花盆，首先要明确一些问题哦。”小凯清一清嗓子，突然用教导主任般的腔调说道：“胖球同学，首先我要问你几个问题。你所设计的花盆由哪些图形组成？”

“我观察了一下，应该是一个上宽下窄的圆柱体”，胖球考虑的是比较普通的花盆样式，甚至还画了设计草图。

“很好哦！3D 建模时，应该注意哪些问题？”小凯继续发问。

“嗯，我已经考虑到了。为了防止底部的积水导致根腐病，我还预留了一个圆形的排水口。”胖球思考得还比较全面。

“不错！”小凯很满意，他继续问道：“你所设计的花盆的尺寸是否适合郁金香的生长？”

“我查过资料，成年的郁金香长约 50 厘米。那这个花盆的上口直径要达到 30 厘米，下口直径要达到 20 厘米。”看来今天胖球是有备而来，做到了有问必答。

“明确了这三个问题，那我们就开始设计吧。”小凯打开了 3D One 建模软件，按照刚刚确定的参数很快就设计出了一只花盆，剩下来的时间就是交给 3D 打印机打印了。

“我们人类最大的愿望就是能够通过自己的双手和大脑，在遥远的火星建立一个美丽、祥和的新家园”，小凯对未来的日子充满了渴望和信心。

科学情报

创客（Maker）：“创”指创造，“客”指从事某种活动的人。“创客”本指勇于创新，努力将自己的创意变为现实的人。这个词译自英文单词“Maker”，源于美国麻省理工学院微观装配实验室的实验课题。此课题以创新为理念，以客户为中心，以个人设计、个人制造为核心内容，参与实验课题的学生即为“创客”。总之，“创客”特指具有创新理念、自主创业的人。在中国，“创客”与“大众创业，万众创新”联系在了一起。

在飞往火星的日子里，小凯利用自己的聪明才智不断创新，解决了所遇到的一个又一个困难。作为一名“创客”，未来的你也要去征服火星，你能用 3D 打印技术解决哪一个小问题呢？请你描述一下。

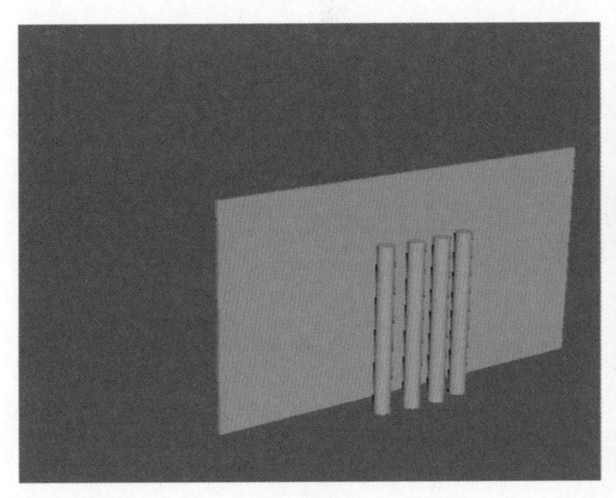

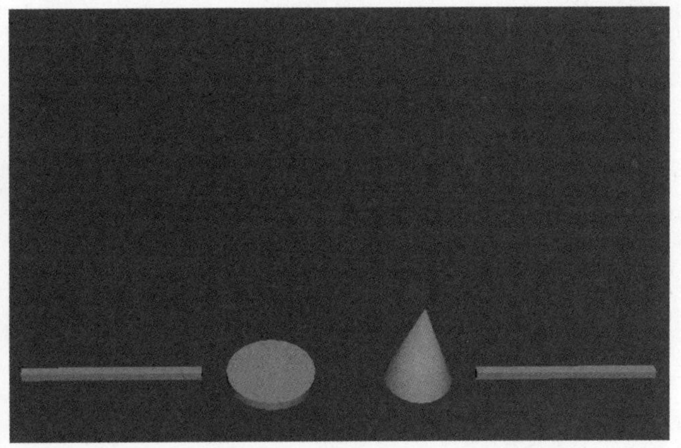

看一看，想一想，图中有哪几种模型？你能利用它们做什么？从哪里入手制作呢？学会了基本操作，接下来请尝试自己设计一个作品。在实际操作、设计基本形状的过程中，你遇到了什么问题？请将问题记录下来。

火星舱里那些事

火星是人类梦想的第二家园。我们的第一家园地球，人类的无节制开发，导致了资源的破坏和环境的恶化。这样的悲剧不能在火星重演，如何构建和谐的火星生态成了团队成员们不得不面对的课题。

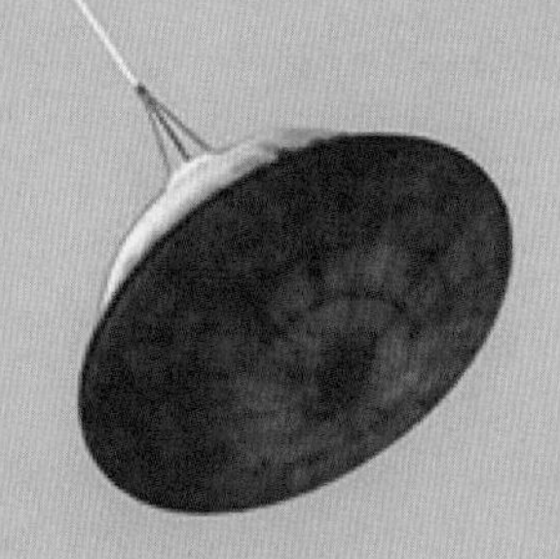

生菜成长记

时空记录

地点：火星地球客运飞船

天气：-108℃，舱内温度 25℃

开启课堂

大伙儿在飞往火星的这些日子里，经历了最初的兴奋、惊险和磨合。现如今，全自动智能化的驾驶系统代替了 99% 的人力，小凯每日按照操作规范重复着他的工作。

“Ring,ring,ring，希望你说嗨”，美美哼着歌来到了物资储备舱，看来我们的傲娇小“女神”今天心情不错。自从进入飞船以后，胖球和美美这两个机器人的关系融洽了许多，见面也少了一些拌嘴，多了一些热情。

“美美，今天你怎么有空过来啊？这首曲子听起来有点怪怪的，呵呵……，我是不是表达得不太清楚？我的意思是你放的音乐好土！”胖球看到美美，不知道为何讲话变得语无伦次起来，越解释越糟糕。

“胖球，你大脑里的程序是不是错乱了，真想一脚把你踢回地球！”美美原本愉悦的心情顿时烟消云散，脸上显示了一个大大的“愤怒”表情。

毫不意外，这又是一次尬聊。为了打破这个氛围，小凯开口说道：“我倒是觉得这首歌很好听呢，当年在地球上它可是‘抖音’神曲！美美，你今天来有什么任务吗？”

“胖球，你要不会说话，以后就闭上嘴。你看小凯哥哥说话就很好听。

对了，小丽要我来问一问，还有什么蔬菜可以吃吗？”美美不愿意再理会胖球，转过身面向小凯。

“有倒是有，可都是一些从地球上带来的烘干蔬菜了”，小凯看了看物资清单。

“可是小丽想吃新鲜的蔬菜呢。”美美觉得非常遗憾。

小凯好像突然想到什么，高兴地对美美说道：“有新鲜的蔬菜了，不过要等个几天。”

“有！有什么有！难道你用魔法变出来？”胖球嘟囔了起来。

“你可不要忘了，我们这里储备了一些蛭石。”小凯已经有了一个初步的想法。

“蛭石？”胖球和美美的脸上同时显示了“惊诧”的表情，这次他们倒是做到了“神同步”。

小凯感慨于两个机器人的一致，笑着科普道：“是的，蛭石是一种天然、无机、无毒的矿物质，可用于花卉、蔬菜育苗，不仅可以当作盆栽土和调节剂，还可以用于无土栽培。在火星登陆舱里种蔬菜，所使用的基质和地面的土壤肯定是不一样的，蛭石的吸水性非常好，水分在其中的传导非常均匀，即使是在地面有重力的情况下，也能够非常流畅地向上吸附。另外，它密度小、质量轻，便于携带上天。”

看他们来了兴趣，小凯进一步补充道：“更有意义的是，蛭石能够有效促进植物根系的生长和小苗的稳定发育，长时间提供植物生长所必需的水分及营养，保持根部温度的稳定。”

“嘿嘿，这和在地球上种植还真是有所差别啊。那就种一些生菜吧，小丽喜欢吃生菜。”美美果然很贴心，这和它细致的观察力分不开。

“小事一桩，我们携带的种子清单里面就有生菜种子。”随着小凯搜索生菜种子的指令下达，右下角的储存箱“噗”的一声打开了。胖球眼疾手快，拿到生菜种子包后迅速递给小凯，那“贱兮兮”的样子不知道是要讨好小凯还是美美。

“那我们就开始吧”，胖球显得非常迫切。

“胖球，不要着急，在太空中种植蔬菜可没有那么简单，需要七大步骤！”小凯一边说，一边已经开始了他的准备工作。

科学情报

第一步：安装栽培装置

就像是搭积木一样，把装置的各个部件组装成一个白色箱体，底部铺上蛭石。箱体上面需要有两个部件，一个用来测量土壤中的水分和养分参数，另一个在植物生长后期的封闭情况下测量植物光合作用。

第二步：浇水、播种

在上天之前，种子是经过特殊处理的，被称为丸化粒种子。生菜的种子比芝麻粒还小，为了方便播种，科学家们特意在外面做了一层包衣，使它和绿豆粒差不多大，方便直接手拿。包衣在吸饱水后会裂开。

第三步：铺保鲜膜

播种完后，要在装置里铺上一层保鲜膜，就和种庄稼的地膜一样。它的作用是保护植物，防止水分流失。

第四步：开始光照

等到种子发芽后，拿掉地膜，将安装在白色装置顶端的灯打开，给生菜提供光照。灯光是由红、蓝、绿三种颜色组合而成的，主要偏红色。

第五步：间苗、补水

第一次给生菜间苗、补水是在播种后的第六天。间苗那天，会发现生菜长得特别新鲜，看着比地面的要更绿一些。间苗主要是用镊子把长得相对差一些的生菜连根拔出来，在每个单元格里保留两棵菜苗。

第六步：第二次间苗、补水

过了 3 天后，就要开始第二次间苗和浇水，这时每个单元格就只有一棵菜苗了。浇水不是每天都需要做，总共大约 5 次，每次浇水是使用注射器将水注入生菜根部。另外，除了播种、间苗、浇水，还需要每天对生菜进行观察、拍照，检查基质的含水率、养分含量等。

第七步：采样

等到植物完全生长成熟，就可以食用了。当然，多余的也可以进行植物采摘，就是把生菜的叶子和根茎剪掉，放到低温储藏装置中进行保鲜。

对于小凯来说，忙碌反而是一件愉悦的事情，特别是在漫长的路途中。

聪明的你可以准备一个防水的小盒子，按照小凯的步骤尝试一下。不用泥土也能种出生菜，可要记录好每天的变化哦。

29 小苗快快长

时空记录

地点：火星地球客运飞船

天气：-118℃，舱内温度 23℃

开启课堂

自小凯播下生菜种子以后，胖球时不时来观察。也许是害怕惊扰到生菜苗的生长，它总是蹑手蹑脚、探头探脑，样子极其滑稽可笑。

“怎么长得这么慢啊”，胖球盯着无土栽培种植箱。

其实，小凯也一直在关注着小苗的生长，他发现这些生菜幼苗确实有些无精打采，他用手扶了扶孱弱的小苗说道：“是时候给这些小苗们加强营养了”。

要加强生菜小苗的营养就要配制符合植物生长的营养液。在太空种植中，营养液是无土栽培的关键，不同作物对营养液配方有不同的要求。世界上已发表的配方很多，但都大同小异，因为最初的配方本源于对土壤浸提液的化学成分分析。营养液配方中，差别最大的是氮和钾的比例。虽然火星的飞船上没有携带现成的营养液，但这一点也难不倒小凯。早在火星训练营的时候，小凯就明白了营养液是采用生物发酵、化学螯合、物理活化等工艺所合成的一种液体。

“小凯，我们可不可以动作快一点啊！你看小苗们都快撑不住啦。”胖球一边催促着小凯，一边急得直转圈。

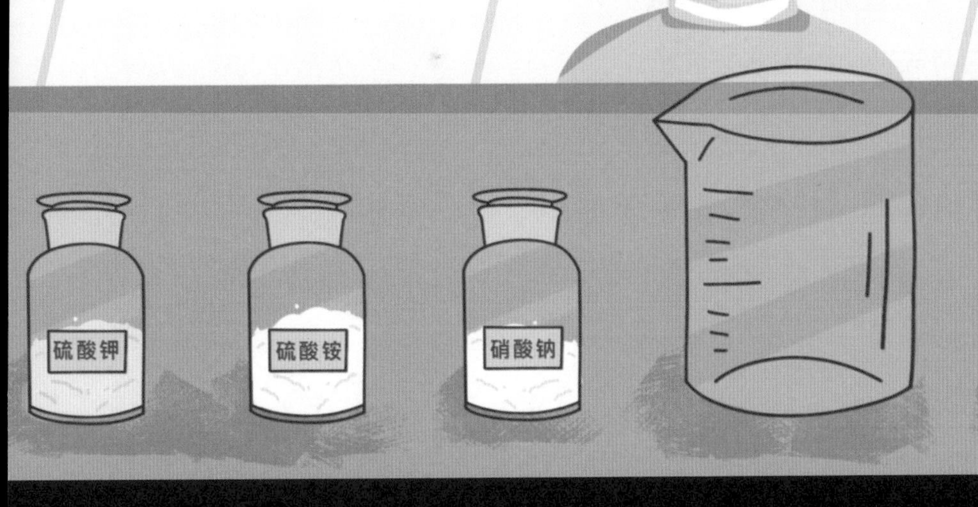

科学情报

小凯倒是气定神闲，一边不慌不忙地收集着原材料，一边向胖球讲解着操作步骤：“可以用 10g 硝酸钠、25g 硫酸铵、35g 硫酸钾、70g 过磷酸钙、40g 硫酸镁加 1000 毫升 50℃的温水分别配制，再兑到一起。”

一瓶营养液很快就勾兑完成了，胖球急匆匆地用他那胖胖的机械手去施肥。小凯急忙阻拦说：“植物营养液一般为多元复合物，呈水状，虽然浓度不及固体肥料高，但是杂质少，易于植物吸收。一般情况下，营养液每 7 到 10 天使用一次，每次 3 到 5 滴，所以最好是用清水按比例稀释后再向叶片喷施，这样更加有利于植物吸收营养。如果施用于土壤的话则易于被土壤吸收，不仅会减少植物根系吸收，也会导致不均衡。”

胖球听懂了小凯的劝解，小心翼翼地向生菜喷洒了营养液。望着绿油油的生菜，胖球似乎看到了生菜在向他表示感谢，他也不自觉地发出“咕噜噜”的愉悦声。

试一试配制植物营养液

不过可要注意以下问题:

1. 配制营养液时忌用金属容器，更不能用来存放营养液，最好使用玻璃、搪瓷、陶瓷器皿。

2. 在配制时最好先用少量的 50℃温水将各种无机盐类分别溶化，然后将配方中所开列的物品按顺序倒入装有相当于所定容量 75% 的水中，边倒边搅拌，最后将水加到足量。

3. 如果使用自来水配制营养液，则要对自来水进行处理。因为自来水中大多含有对植物有害的氯化物和硫化物，还有一些重碳酸盐，会妨碍根系对铁的吸收。

郁郁葱葱的太空舱

时空记录

地点：火星地球客运飞船

天气：-112℃，舱内温度 25℃

得益于小凯和胖球的精心呵护，太空舱里面的生菜长势很好。小丽吃到了新鲜可口的蔬菜，对小凯和胖球赞不绝口，机器人美美对胖球的态度也发生了 180 度大转弯，无论是语气还是表情都温和了许多。

小凯决定在原来的基础上扩大种植的面积和种类。说干就干！小凯和胖球分头行动，小凯负责组装新的植物水培系统并安装、调试。为了便于维护和管理，他还对原有的水培系统进行了一系列优化。胖球则是负责种子的选择。

经过数天的忙碌之后，当小丽来到了小凯的舱室，顿时被郁郁葱葱的植物惊呆了，“太棒了！小凯，你们是怎么做到的！”小丽不禁惊呼了起来。

小丽仔细地观察了水培系统，总觉得有什么地方不对。她疑惑地望着小凯：“咦，我说小凯！你是不是改变了水培系统的结构？”

小凯呵呵笑了起来：“是的，我对原有的水培系统进行了优化，在填充有培养液的槽体内置入多个种植有多株水培植物的培养板，槽体根据水培植物的栽培周期可以划分为多个栽培阶段。自槽体的第一端，依照栽培

周期阶段性地将培养板连同水培植物往下一个栽培阶段移动，最后在槽体的第二端进行收获。”

小丽好像明白了什么，她兴奋地说：“我猜这样做的优点在于水培植物的栽培可于槽体内完成，且不必经过移植。如此一来，大幅降低了水培植物因为移植而受到破坏的风险，节省人力与时间，整体提升水培植物的栽培效率。此外，使用漂浮于培养液上的栽培板，不但简易、方便，也具有轻量化和节省成本的效果。”

听完，小凯给小丽投去了赞许的眼神。他继续介绍道：“我还在槽体上配置了光源装置，其表面设置有多个光源。可以根据水培植物的品种或是生长状况，比如说高度，来调整光源装置的表面，借此让各栽培板上处于不同栽培阶段的水培植物皆能获得最好的照明效果，让水培植物具有良好的栽培效果。此外，也可根据水培植物的生长状况调整光源数量，在保有良好栽培效果的同时，也可达成节省能源的目的。”

“小凯哥哥，你真了不起！”既能考虑到植物的生长品质，又能考虑到节能，小丽彻底服了小凯。要说以前在火星训练营的时候，小丽对小凯每次都能获得第一名还有些不服气。此时此刻，小丽由衷地从心里佩服小凯，他是一个乐于思考的好同学。

科学情报

水培的几种类型

1. 竹林式的蔬菜有机水培
2. 插管式栽培柱
3. 箱式栽培系统
4. 弃置品栽培系统

材料准备

塑料管件三通一个、带盖的矿泉水瓶三只、棉质的引水白布条三根、剪刀一把、人工基质若干、海绵少许。

制作方法

①基座的制作：选一个三通管件，其通径最好与矿泉水瓶的瓶径恰好套接，基座底用堵头堵塞以防漏水。基座上端口需与装营养液的稍大可乐瓶的瓶盖相符，便于套接或外接，盖帽拧紧。

②栽培容器的制作：于瓶侧开一长方形口，可用剪刀剪制，用于装基质及定植植株。

③引水棉线的安装：于每一栽培瓶内都引埋一棉线条，作为瓶内基质与营养液间的肥水虹吸通道。制作时棉线与瓶盖或管径间的空隙用海绵塞紧以防漏水，这样就形成了虹吸自灌装置。

④基质配制及填充：可用珍珠岩、蛭石、泥炭或废菌糠等进行科学配制，并把配好的基质覆埋填充在引水棉线的上方。

小凯患上了感冒

时空记录

地点：火星地球客运飞船

天气：-118℃，舱内温度 23℃

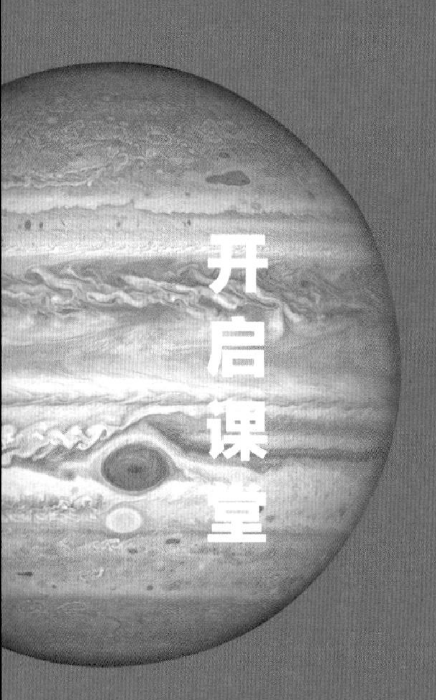

该是起床的时候了，平日里早早起来工作的小凯却没有出现。胖球来到小凯的休息舱，发现今天的小凯好像有点异常，显得无精打采。

还没有等胖球询问，小凯先说话了。他拖着浓浓的鼻音对胖球说："我好像是感冒了，有些头疼，好难受啊！"

胖球见状连忙说："不会吧？我去医疗舱拿些药品给你。"

小凯强打起精神向胖球笑了笑："人吃五谷杂粮，哪有不生病的。拜托胖球帮我拿些药过来吧。"

没过多久，胖球拿回了感冒药，贴心地帮小凯倒了一杯温开水。小凯服用了药物以后，不知是心理作用还是药物作用，他显得比刚刚好了一些。

倒是胖球面露难色欲言又止，小凯问道："胖球你怎么啦？不要担心我，就是一场普通的感冒而已。"

"我倒是不担心你感冒，只是我刚刚去医疗舱的时候发现药品已经不多了，我们登陆火星后如果生病可怎么办哦。"胖球的担心看来不无道理。

"哈哈，胖球啊！你多虑啦，你知道中医吧，听说过《神农本草经》吗？"小凯看起来胸有成竹。

“《神农本草经》？”胖球连忙在自己的资料库中搜索起来，伴随着“吱吱”的声音，胖球很快搜索到了相关资料。“原来我们的老祖宗神农这么厉害，难怪中华五千年能够生生不息。”

“是的啊”，小凯也很感慨。“《神农本草经》记载了 365 种药物的疗效，多数真实可靠，至今仍是临床常用药。它提出了辨证用药的思想，所论药物的适应病症能达 170 多种，对用药剂量、时间等都有具体规定，对于治疗感冒来讲是小菜一碟啦。”

“更重要的是，中医里面的许多原材料是草本植物，便于我们登陆后大规模的种植，可以持续保障人类在登陆火星初期的医疗需求，这可是西医无法比拟的。”不知不觉，高教授走进了小凯的休息舱，他亲切地摸了摸小凯的额头，眼里满是慈祥和关爱：“大家听说你生病了，都很关心你，希望你早点好起来。”

小凯很是感动，“我比刚才已经好多啦，谢谢大家啦！等一会儿我来调制一些中药试剂，以备不时之需。”

“是的啊，正好可以利用这一段时间。我怕登陆火星后事情太多反而没有时间啦！”胖球积极响应。

科学情报

中医诞生于中国的原始社会时期。春秋战国时期，中医理论已基本形成，之后历代均有总结发展。除此之外，中医对汉字文化圈国家影响深远，如日本医学、韩国韩医学、朝鲜高丽医学、越南东医学等都是以中医为基础发展起来的。

中医承载着中国古代人民同疾病作斗争的经验和理论知识，是在古代朴素的唯物论和自发的辩证法思想指导下，通过长期医疗实践逐步形成并发展的医学理论体系。

2018 年 10 月 1 日，世界卫生组织首次将中医纳入具有全球影响力的医学纲要。

实验基地

你还知道哪些治疗常见疾病的中药药方，不妨写出来:

常用中医药方:

登陆舱里的小香囊

时空记录

地点：火星地球客运飞船

天气：-105℃，舱内温度 26℃

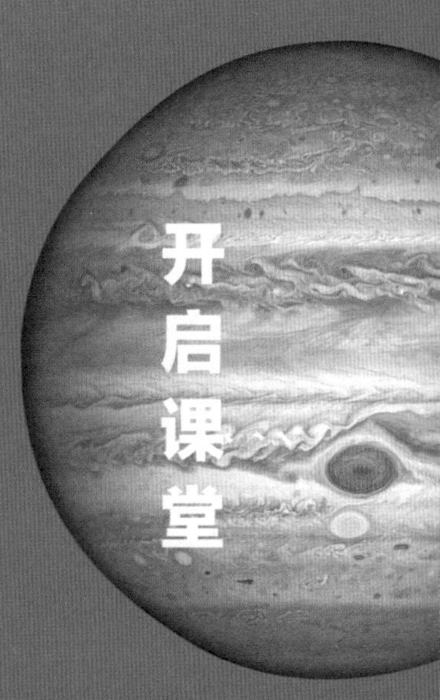

得益于平时热衷锻炼身体，小凯的感冒很快就好了。为了兑现对高教授的承诺，他和胖球开始了一些常见病症的中医药剂研究，不仅可以治疗还可以预防疾病。

“登陆舱的空间比较小，整个舱室也是密封的，一旦有感冒病毒那可是大家都要遭殃的哦。”小凯想优先制作一些针对呼吸系统传播的病毒的药剂。

胖球有些不以为然：“我们舱室里面不是有空气净化系统吗？你的担心会不会是多余的？”

“可是感冒病毒呈球形，其直径在 80 至 120 纳米之间，我们的空气净化系统并不能把它们过滤干净哦。而且，大家从地球表面进入太空难以一下子适应，有些队员如果身体抵抗力差一些难免会中招哦。”小凯苦笑着说：“我不就是最好的例子嘛。”

“说得也是，我们可以做一些小香囊，悬挂在各个舱室里面，增强大家抵抗病毒的能力。”胖球认同地点了点头。

“说干就干！”小凯想起了妈妈工作单位曾经研制的一个中医药方：藿香、艾叶、肉桂、山柰、苍术、金银花、紫苏、冰片、薄荷等，功效为

芳香避秽解毒。

这些原材料在储藏室里面都有一些储备，虽然数量不多，但是也够用了。

小凯按照比例配备好后，把药剂分成了若干份，可总是感觉缺了一点什么。

“好香啊！”小丽走了进来，她也许是闻到了“藿香”的味道。

“天助我也，来得早不如来得巧，小丽我要请你帮个忙！”小凯看到小丽，心里一下子有了一个主意。

“小凯，请你吩咐！”小丽打趣地说。

“你能不能做十个小香囊，我把这些中药试剂放在里面，挂在每个舱室。”小凯也不再客气，向小丽和盘托出。

“当然可以哦，这个我擅长，半天的时间就可以做好。”说完小丽就回到她的舱室开始忙活起来。

还没到半天的时间，小丽就送来了十个小香囊。这些小香囊形状各异，有的像小包子，有的像小元宝，不仅有图案还有挂绳，煞是漂亮。

“哇！”小凯和胖球同时发出了感叹声。

“小丽，你太厉害了，这么短的时间就做出这么多，这么漂亮。”看来小凯对小丽的赞美是由衷的。

在小丽身后一起跟随来的美美插话说道：“哪里呀，小丽平时就喜欢做一些小手工，今天只不过是把以前的制作修改了一下而已，要不是时间紧迫，我们可以做得更好呢。”

“其实美美也帮了不少忙，上面的许多串珠都是她帮着装饰的。”小丽受了表扬反而有些不好意思起来。

不一会儿，每个舱室里都挂上了漂亮的中药小香囊，淡淡的幽香让每个队员都觉得神清气爽。喜庆的香囊让大家都觉得像过节一样。

“感谢伟大的中医，不仅治愈了地球上的泱泱华夏儿女，在遥远的火星，也将发挥出巨大的作用”，小凯感受到浓浓的氛围后喃喃自语道。

科学情报

中药香囊：现代研究认为中药香囊里的中草药所散发的浓郁香味，能够在人体周围形成高浓度的小环境。中药成分通过呼吸道进入人体，芳香气味能够引起神经系统兴奋从而刺激鼻黏膜，使鼻黏膜上的抗体——分泌型免疫球蛋白含量提高，不断刺激机体免疫系统生成抗体，抑制多种致病菌生长，提高身体的抗病能力。

同时，药物气味分子被人体吸收以后，还可以促进消化腺活力，增加分泌液，从而提高消化酶的活性，增强食欲。部分人群的鼻黏膜上的分泌型免疫球蛋白含量较低，很容易患上呼吸道感染性疾病，因此最适合佩挂香囊。

制作一只小香囊

准备工作

针、线、剪刀、布、彩绳。

步骤

①将布剪成两块边长约5cm的相同正方形布块。

②将两块布重叠，缝合一边。

③对齐重叠，继续缝合第二边、第三边。

④缝合好的香囊呈口袋状，将其翻面，缝合边藏于内部。

⑤放入中草药，用彩绳扎紧即可。

附：预防新冠香囊配方

桑叶 20g 杭菊 10g 藿香 3g

艾叶 3g 佩兰 6g 金银花 6g

丁香 0.5g 肉桂 1g 苍术 6g

上述药品打粉之后可以填充。

33 和谐的星球

时空记录

地点：火星地球客运飞船

天气：-105℃，舱内温度 26℃

经历了前一段时间的各种事件，小凯美美地睡了一觉。他做了一个奇怪的梦，在梦里他好像走进了一片妙曼的森林，处处花团锦簇，草长莺飞，空气是那么清新，小河是那么清澈。小凯自由地奔跑，胖球在他左右快乐地腾挪，甚至爸爸妈妈都在亲切地呼唤着他，一切都是那么的美好。

突然，一个身穿黑桃 K 的皇后出现了，她疯狂地开着一辆推土机碾压着一切，动物们疯狂地毫无秩序地逃命，花草被无情地铲断。也许太过暴虐，推土机的排气管大口大口地冒着黑烟，大地也被铲破，冒出了黑滋滋的石油，甚至还喷到了小凯的脸上。小凯连忙用手去擦，却一下子惊醒地坐了起来，才发现那是自己流的汗。

胖球听到了声响，赶忙来到了小凯的床边，急切地问道："小凯，你做噩梦了？"

小凯再次擦了一把汗，和胖球讲起了梦中的情形。当小凯讲到黑桃 K 皇后的时候，胖球反而安慰起了小凯："是不是因为前些时间看了《爱丽丝漫游记》，让你产生了联想。"

“好可怕的黑桃K皇后，我们人类以前在地球上的所作所为不就像是黑桃K皇后嘛！”小凯喃喃地说。“我们不久后就会登陆火星，未来的火星可不能重蹈地球的覆辙。建立一个和谐、美好的火星生态环境是值得我们认真对待的话题。”

“火星生态！这也许是几十年以后的事情”，胖球有些不解。

“不，如果等我们破坏了再来修复就困难了”，此时小凯的神情看起来非常严肃。

这一点胖球倒是认同的，它饶有兴趣地继续问道：“那你觉得未来火星的生态应该是怎样的？”

“未来火星是一个‘零碳排放’的人类栖息地，有着彻底的可持续性和适宜的微气候，我觉得这是火星生态最重要的特点。具体来说，人们距离大自然永远不会超过两分钟的路程，这将对火星 95% 的生态土地起到保护作用，动物、植物和人类会和谐共生。火星居民能够通过步行在五分钟内实现上学、就医以及购物。此外，全程二十分钟的‘空中轻轨’和‘人工智能飞行器’，可以满足任何人的出行需求。”

“零碳、人工智能，这个高瞻远瞩的设想太好了！”胖球听完非常激动，他那双大眼睛不停地闪烁着。

小凯继续说道：“人类永远只能改造火星，而不能破坏火星，如何让植物和动物也能在火星的环境中有序生存是一个关键问题。尤其是动物，他们的适应能力对我们人类和它们自身都是严峻的考验。”

小凯考虑得非常周全，也非常有道理。从古至今，人类都不是独立存在的，无论是在地球还是在火星，都需要建立一个和谐的星球。这个和谐的体系中不仅要有植物，还需要动物。

人工智能：亦称智械、机器智能，指由人制造出来的机器所表现出来的智能。通常，人工智能是指通过普通计算机程序来呈现人类智能的技术。人工智能的研究是具有高度技术性和专业性的，各分支领域都是深入且各不相通的，因而涉及范围极广。当前，有大量的工具应用了人工智能，其中包括搜索和数学优化、逻辑推演，而基于仿生学、认知心理学以及基于概率论和经济学的算法等等也在逐步探索当中。思维来源于大脑，而大脑控制行为，行为需要意志去实现。思维也是对所有采集数据的整理，相当于数据库，所以人工智能最后会演变为机器替换人类。

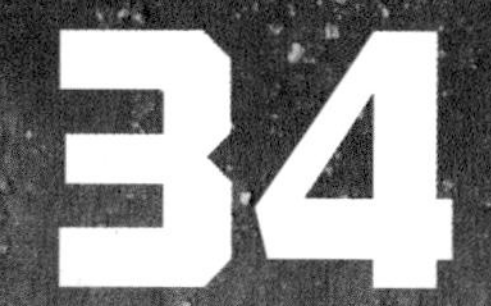

带着动物去火星

时空记录

地点：火星地球客运飞船

天气：-109℃，舱内温度 26℃

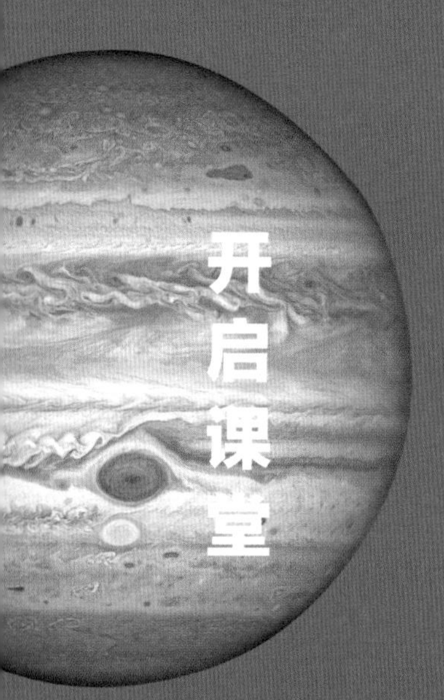

胖球盯着休息舱中的热带雨林箱不停张望着，圆圆的大脑袋转过来转过去地看，煞是可爱。

小凯走进舱室，他也好奇地把头凑了过去，好像也没有发现什么异样，于是拍了拍胖球的大脑袋问道："你在热带雨林箱里面看什么呢？"

"我在寻找那一对树蛙，他们是不是躲到哪一块枯树枝里面去了？你帮我找找呀！"胖球一边回答，一边依然很执着地寻找着。

"你怎么突然想起了树蛙？"小凯有些不解。

胖球反而认真起来，抬头望着小凯说道："你说过要建立一个有人类、有植物、有动物的和谐火星，我非常认同，希望能在动物饲养上做一点自己的贡献。"

对于胖球的积极性，小凯非常感动。他有意考考胖球，故意问道："你想得很不错，可是你了解动物吗？"

"我当然了解啊！动物是生物的一种，一般以有机物为食，能感觉、可运动，包括你们人类。"看来胖球是有备而来。

小凯欣慰地笑了，接过话茬说道："你说得很对！根据对化石的研究，地球上最早出现的动物源于海洋。经过漫长的地质时期，早期的海洋动物逐渐演化出各种分支，丰富了早期的地球生命形态。在人类出现以前，史前动物便已出现，并在各自的活动期得到繁荣发展。后来，它们在不断变换的生存环境下相继灭绝。但是，地球上的动物仍以从低等到高等、从简单到复杂的趋势不断进化、繁衍，形成了如今的多样性。科学家们把现存的人类已知的动物根据体内有无脊柱分为无脊椎动物和脊椎动物两大种类。科学家已经鉴别出 46900 多种脊椎动物，包括鲨鱼、鳐鱼等软骨鱼类动物；鲤鱼、黄鱼、草鱼等硬骨鱼类动物；青蛙、娃娃鱼等两栖类动物；蛇、蜥蜴等爬行类动物；鸡、鸽子、麻雀等鸟类动物以及猴子、红熊猫等哺乳类动物。科学家们还发现了 130 多万种无脊椎动物，这些动物中多数是昆虫，昆虫中多数是甲虫。海绵、蚯蚓、乌贼、牡蛎、红海星、水母、蜘蛛、珊瑚虫、放射虫、蛔虫、猪肉绦虫、沙蚕、蜗牛、蛞蝓等都属于无脊椎动物。动物界所有成员的身体都是由细胞组成的异养有机体。"

"原来，动物的群体这么丰富啊！不过，你刚才讲到的'异养有机体'我不太明白。"胖球听得入迷，也听得仔细。

小丽和美美其实早就站在了小凯和胖球的背后，只不过胖球和小凯专注于讨论动物的话题，就没有打扰他们。当胖球问到异养有机体的时候，美美就迫不及待地解释起来："我们一般把不能直接将无机物转化成有机物，必须摄取现成有机物来维持生活的营养方式，叫做异养，这样的有机体叫做异养有机体。与异养相对的是自养，自然界中的植物基本上都是自养，动物基本上都是异养。"

"哎呀呀，小丽！你说得太深奥了，我怎么越听越糊涂啊！"胖球嚷嚷起来。

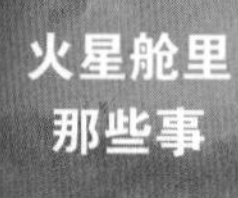

小美白了胖球一眼："你真是一个笨笨胖球，亏你还是小凯的伴随机器人。打个通俗的比方，铁元素是构成人体的必不可少的元素之一，缺铁会影响到人体的发育和健康。人们要补铁却不能直接吃铁块，而是要吃富含铁元素的蔬菜和水果，这个就叫做异养。"

美美这一解释，胖球算是明白了。它不但没有生气，反而向美美比出了一个"在下佩服"的表情。

"带着动物去火星，不仅仅是丰富火星的生态，其实也是火星居民未来的重要食物来源。"小凯的一席话得到了大家的一致认同。

补充蛋白质

时空记录

地点：火星地球客运飞船

天气：-105℃，舱内温度 26℃

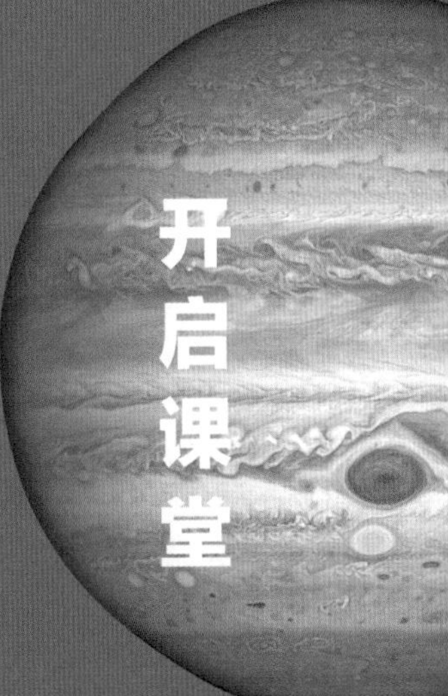

早晨，小凯听到舱室音响里传出了高教授的指令："请所有成员到指令舱参加会议。"听到指令后，小凯和胖球迅速赶到会议地点。会议室中，高教授精神矍铄，花白的胡子修得整整齐齐。他环顾了一下会场，略微提高了声调说道："各位队员，根据控制系统计算，我们还有大约 1 个月的时间就会登陆火星。下面我来宣布登陆后大家的任务，请提前做好准备。"

随着高教授的部署，大家都明确了自己的职责。小凯负责团队登陆后吃、住方面的后勤保障工作，当然这也是他的老本行。正所谓"兵马未动，粮草先行"，生活保障工作是非常关键的，要考虑到方方面面。在地球的火星训练营里，小凯对火星的环境已经有了比较深刻的了解，但如果真正到了火星那可不是纸上谈兵，一切都充满了未知和挑战。

小凯在电脑上又一次进行了方案推演。电脑模拟了登陆火星后会遇到的各种状况，其实这样的推演小凯已经进行过多次，每个步骤早已烂熟于心。在他的任务中，将保障工作做到最优是最为关键的，毕竟没吃没喝的

话什么工作都没有办法完成。大家登陆火星后可以通过植物获取部分蛋白质，但是绝大部分的蛋白质是通过食用肉类来获取的，这也是电脑推演给小凯的警示。

“胖球，我设想未来可以在火星搭建一个养鸡场。”小凯想来想去，只有这样才能满足大家对蛋白质的需求。

“养鸡场？小凯！你是不是疯了，我们去的可是火星。”胖球差不多是叫着说。

“是的，我想在种植基地旁边设立一个小养鸡场，先构成一个微型的生态系统。通过鸡肉和鸡蛋，大家可以摄取蛋白质、脂肪等维持生命的营养物质。虽然在踏上火星前，我们已经准备了大量的物资，可是毕竟有吃完的一天。”小凯还是想要建立一个小型的火星生态圈，“这是一个尝试，如果成功了，后期可以慢慢扩大。”

“你们人类真麻烦，不像我们机器人只要充电就可以了。不过，蛋白质对你们人类有那么重要吗？”胖球小声地嘟囔着。不过他还是非常希望建立养鸡场，那样它就可以每天和小鸡仔玩耍了。

“蛋白质是组成人体一切细胞、组织的重要成分。机体所有重要的组成部分都需要蛋白质。一般来说，蛋白质约占人体全部质量的 18%，最重要的还是其与生命现象有关。蛋白质在调节生理功能，维持新陈代谢方面起着极其重要的作用。人体运动系统中肌肉的成分以及肌肉在收缩、做功、完成动作过程中的代谢无不与蛋白质有关，离开了蛋白质，人类的任何活动就无从谈起。”小凯耐心地向胖球解释着。

“哦，我明白了，你们人类首先建立养鸡场，然后通过母鸡下蛋，再食用鸡蛋白来补充人体蛋白质，可谓吃啥补啥！”胖球说完就控制不住地笑了出来。

“可以这么说吧，人类摄入的蛋白质在体内经过消化所水解形成的氨基酸被吸收后，能够重新合成人体所需的蛋白质，新的蛋白质又在不断代谢与分解，时刻处于动态平衡中。”小凯说完就开始了养鸡场的设计工作。

荷兰科学家格利特·马尔德在1838年发现蛋白质。他观察到生命体都需要蛋白质。蛋白质是生物体内一种极重要的高分子有机物，主要由氨基酸组成，氨基酸的排列组合不同将组成不同的蛋白质。

生命运动是通过蛋白质来实现的，所以蛋白质对生命体有极其重要的意义。人体的生长、发育、运动、遗传、繁殖等一切生命活动都离不开蛋白质。据估计，人体中有10万种以上的蛋白质。

实验基地

弹跳鸡蛋

材料

鸡蛋、白醋、杯子。

步骤

①在杯子中倒入白醋。

②将一个带壳的生鸡蛋放入白醋中。

③1–2天后，拿出鸡蛋，用水冲洗干净，观察鸡蛋的变化。（鸡蛋外壳已经没有了，而且蛋清和蛋黄也发生了变化，就像一个弹球一样，富有弹性）

解密时刻：

鸡蛋壳的主要成分是碳酸钙，遇到白醋后，二者发生反应，蛋壳变成了可以溶解的物质，水一冲洗就溶解了。而蛋清中富含蛋白质，遇到酸会发生变性，于是就产生了弹性。

36 不怕冷的北极熊

时空记录

地点：火星地球客运飞船

天气：-105℃，舱内温度 26℃

开启课堂

大伙儿都在为火星登陆忙碌着。胖球和美美这两个机器人却躲在小凯的休息舱里看起了《动物世界》，视频中一只硕大的北极熊正站在白色的冰盖上，像是等待着它的猎物。

没多久，一头海豹探头探脑地浮出水面，北极熊就迫不及待地扑了上去，谁知海豹一个灵巧的转身，再次钻入水中。北极熊扑了空，但好像并不气馁，依然不急不慢地等待着它的下一个猎物。

“好悬哪！海豹差一点就被北极熊抓住啦！”美美为海豹没被吃掉而感到庆幸。

可是胖球却不以为然，看着北极熊一次又一次的失败，它喃喃自语道：“好傻的北极熊，现代版的守株待兔，再逮不到猎物，就要饿死啦！”

“你看看北极熊那白白胖胖的样子，你瞎操什么心哦。”美美一脸的不屑。

胖球一下懵圈了，歪着脑袋仔细想了想。可是北极熊没有吃的还这么健硕，胖球一时还是没有答案。

小凯对这两个偷懒的小机器人感到既好气又好笑，他望着还处在迷茫

中的胖球说道："北极熊有的时候几天只能逮到一个猎物，可是一顿饱餐可以管几天，因为食物在它体内可以转换成脂肪。"

"脂肪？脂肪有什么作用？"胖球接着问。

"脂肪存在于动物皮下组织体中，是生物体的组成部分和储能物质。北极熊厚厚的脂肪可以确保它在恶劣的气候环境中生存下来。"美美抢先回答了胖球的问题。

小凯接着补充说道："脂肪的作用是为生物体提供必要的能量和营养。脂肪、蛋白质、糖这三类物质都可以为生物体提供能量，三者之间也可以相互转化。其中，脂肪最为稳定也最不容易被分解、消化，可以非常好地储存能量，在需要时可以缓慢释放，为人体提供必要的动力。不过，脂肪过多、过少对生物体都是有害的：过多会引起血脂过高，出现脂肪肝等相关疾病；过少会引起营养不良，比如出现身体发育不良、皮肤受损，以及引起肝脏、肾脏、神经、视觉的多种疾病。在寒冷地区，比如北极和我们即将登陆的火星，脂肪还可以帮助生物体抵御寒冷，也可以对脏器起到缓冲作用，特别是比较脆弱的肾脏。”

胖球这下全明白了，它拍了拍自己的肚皮不免有一些得意：“我是机器人，我没有脂肪哦。”

“你啊，如果你要是人类的话，那你肯定有着厚厚的脂肪，毕竟你叫胖球哦！”小凯说完，引起了大家的一片笑声。

人们通常所说的脂类包括脂肪与类脂。脂肪，又称为真脂、中性脂肪、三酯，是由一分子甘油和三分子脂肪酸结合而成的化合物。脂肪又包括不饱和脂肪与饱和脂肪，动物脂肪以含饱和脂肪酸为多，在室温中呈固态。与之对应，植物油则以含不饱和脂肪酸为多，在室温下呈液态。

实验基地

材料

牛奶、棉签、洗洁精、若干瓶色素、盘子。

步骤

①先将牛奶倒进大盘子里。

②再滴上几滴色素，可以分别在不同区域滴上不同颜色的色素。

③滴上一些洗洁精，观察变化。

解释：牛奶中含有的油脂类物质与水不相溶且密度较小，所以在牛奶表面构成了油脂层。当色素滴在牛奶上时不能被快速溶解，但我们将洗洁精滴入牛奶时，会破坏牛奶表层的张力，色素就会被带动得四处乱跑，从而形成一幅美丽的牛奶画。

小故事

一次有趣的厨王争霸赛中，烹饪比赛的双方分别为来自法国米其林星级餐厅的主厨马里奥·伊利亚斯和来自嘉美轩精细潮州菜北京店的行政总厨郭奋。在厨王争霸的比赛上，双方厨师可以取走对方一样食材。法国主厨，就选择拿走中方的食用油，因为他认为中国菜都是需要用油的，没有食用油就没法煎炒烹炸。

不过等到比赛进行到一半的时候，法国主厨还是溜达到中方厨师那里去看了一眼。没想到看了这么一眼，他就放下手中的食材对自己的队友们说："结束了，他们作弊！"紧接着就去找评委。法国主厨看到中方代表厨师正在有条不紊地用油烹饪食物。

中方厨师表示，他们是用猪肥肉来炼油的。把大块猪五花肉里的肥肉切下来，放进锅里熬出猪油，用猪油来烹饪味道还更香一些。因为外国厨师很少用到猪油，所以他们根本没有想到中国厨师还能有用猪肉炼油这么一招，最终中国队获胜。

37 维持生命的要素

时空记录

地点：火星地球客运飞船

天气：-105℃，舱内温度 25℃

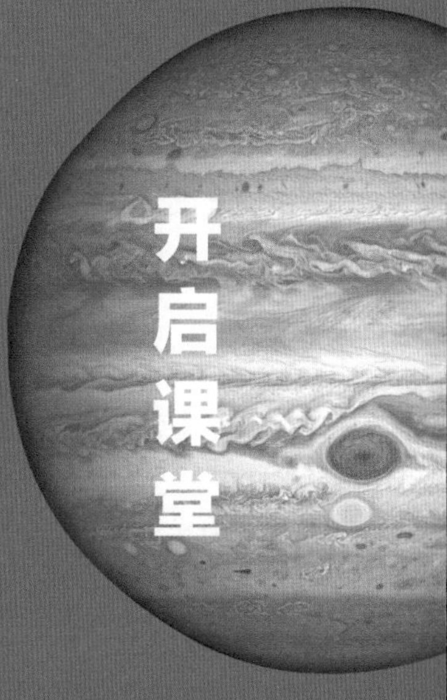

又是新的一天，小凯起床后开始漱口。他惊恐地发现自己的牙龈有些出血，而且还全身酸痛。他不敢大意，赶紧向高教授进行了汇报。

高教授不敢怠慢，赶忙把小凯送进了医疗舱。医疗舱里面非常科幻，小凯只觉得自己随着医疗床360度旋转了一周，很快就结束了。当小凯走出医疗舱，高教授就已经看到了检查结果，他又一次仔细检查了小凯的身体，严肃地对小凯说："小凯，你有可能患上了坏血症。"

"坏血症？是不是很严重的病？"小凯听到这个病的名称，有点害怕了。

高教授笑着安慰小凯："不要怕，在以前医疗科技不发达的时候是很严重的病，但是现在不是那么可怕了。你所表现的牙龈出血、牙齿松动、肌肉骨骼肿痛的症状，都是坏血症的征兆。"

"来，来，来，坐到我身边，我讲个故事给你听。"高教授感觉到了小凯的紧张，招呼小凯坐下来。

"坏血病，即维生素 C 缺乏症，是因长期吃不到新鲜的食物，尤其是

蔬菜水果所引起的，临床表现为全身无力、肌肉关节疼痛、牙龈肿胀、出血，之后身体其他部位也有出血，严重者可导致死亡。

“其实像我们这样长距离、长时间的星际旅行，坏血病也算是易发病症。在大航海时代以前，人们对坏血病的认识非常有限。在十字军东征期间就出现了坏血病的症状，但是当时的随军医生从未见过这种疾病，只能把坏死的牙肉从牙床上割下来，让病人可以进食。也正是因为坏血病并非短时间致死的疾病，在战争期间也就没有得到重视。而一旦士兵们返回家乡，吃到新鲜水果蔬菜之后，病症就会消失，更让人们迅速忘记了坏血病的存在。直到 15 世纪大航海时代的来临，航海家们为了探索新世界，动辄要在茫茫大海上行驶几个月时间，缺乏新鲜食物的船员自然倍受坏血病的困扰。15 世纪达·伽马远航印度时期，在复杂多变的印度洋漂泊了 3 个多月时间，在 160 名船员中大概有 100 人左右因患上坏血病而死。哥伦布远航时期，同样受到了坏血病的困扰。1492 年他的船队横渡大西洋的时候，患了坏血病的船员被认为可能导致传染，就被留在了中途的一个小岛上。结果当哥伦布返航的时候，发现这些人早已经痊愈了。16 世纪下半叶，人们开始意识到水果可以预防和治疗坏血病。1615 年，荷兰人勒美尔和威廉的远洋船只就在塞拉利昂补充了750个熟柠檬。为了存放更长时间，他们还把柠檬风干，长期食用。结果，这一趟航行海员们都没有患上坏血病。所以，你只要多吃一些水果就能缓解这些症状，不要过度担心哦。”

听完高教授讲授的故事，小凯这才放下心来：“维生素对维持人类生命真的如此重要吗？”

高教授顿了一下，继续说道：“那是当然，维生素是维持人体生命活动所必需的一类有机物质，也是保持人体健康的重要活性物质。维生素在人体内的含量很少，但不可或缺。各种维生素的化学结构及性质虽然不同，但它们却有着以下共同点：①维生素均以维生素原的形式存在于食物中；②维生素不是构成机体组织和细胞的组成成分，也不会产生能量，它的作用主要是参与机体代谢的调节；③大多数的维生素，机体不能合成或合成量不足，不能满足机体的需要，必须经常通过食物获得；④人体对维生素的日需要量很小，常以毫克或微克计算，但一旦缺乏就会引发相应的维生素缺乏症，对人体健康造成损害。”

“谢谢高教授！在以后的日子里，我一定多多注意大家的维生素摄入，确保有健康的体魄建设火星。”小凯开心地说。

科学情报

维生素是人和动物生长所必需的有机化合物，对机体的新陈代谢、生长、发育、健康有极重要的作用。如果长期缺乏某种维生素，就会引起生理机能障碍而产生某种疾病。现阶段发现的维生素有几十种，常见的有：维生素A、维生素B、维生素C等。

实验基地

材料

淀粉、碘酒、白菜、玻璃杯、筷子、榨汁机、滴管等。

过程

①取少量淀粉，加入温水后用筷子搅拌，制成乳白色的淀粉溶液。

②向淀粉溶液中滴入 2~3 滴碘酒，注意观察淀粉溶液的颜色变化。

③取 2~3 片白菜叶，摘取叶片，留下叶柄，榨取出叶柄中的汁液，然后慢慢滴入淀粉溶液里。边滴边搅动，观察淀粉溶液的颜色变化。

注意

如果碘酒太多，需要较多的白菜汁才会变色。

解释

碘酒中的碘会与淀粉反应变成蓝色（浓度大则是深蓝色）。当加入白菜汁之后，白菜汁中含有的维生素 C 会与碘反应，当碘反应完全，蓝色就褪去了。

碳基生命和硅基生命

时空记录

地点：火星地球客运飞船

天气：-101℃，舱内温度 27℃

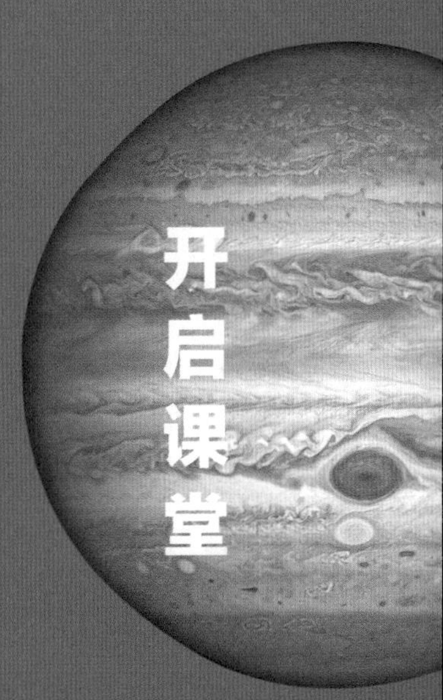

原本宁静的火星登陆舱内突然警铃大作，小凯急忙赶往中心控制舱。大家看起来都很紧张，小丽作为中心控制指挥官，两眼正在死死地盯着控制舱中间的大屏。

“发生什么事了？”小凯悄悄地低声问了一下身旁的高教授。

“刚才飞船探测系统发现有一艘可疑的物体向我们飞来，速度极快，现在又不见了踪影，也许是行星碎片，也许是……”高教授正在说着，不知道何时胖球钻了过来。

“也许是 UFO，外星人！！！”胖球插话打断了高教授的话，满脸都是惊恐的表情。

“外星人？你见过外星人吗？”小凯看着胖球不禁笑了起来，于是调侃起了胖球。

“外星人不就是长着两只大大的眼睛，小嘴巴，长得奇丑无比的小怪物嘛！”胖球的回答完全是按照电影里的外星人形象来描述的。

“哦？”高教授听后略做思考，接过话茬：“那只是人们的想象，也许真正的外星生命并不是这样的。地球上所有的生命都是由有机物构成的，而有机物中都含有碳元素，并以碳元素为骨架形成许多的有机大分子，如蛋白质和 DNA。所以地球的生物都被称为碳骨架生命，也就是碳基生命。并且我们还以呼吸的方式不断地与自然界进行着碳循环。近些年的研究表明，我们寻找的外星生命不能局限于我们的认知，在宇宙中碳不一定是构成生命的核心元素。科学家们提出了以硅为核心骨架的硅分子生命，也就是硅基生命。”

小凯听了觉得很有道理，于是问道："为什么科学家们会瞄向硅这种元素呢？"

"因为硅元素在宇宙中实在是太多、太普遍了。在地球上的大量石头就是硅元素组成的，我们不得不考虑在外太空中以硅元素为基础而进化出来的生命存在的可能性。其实硅和碳在元素周期表中同属一族，也就是在同一列。硅元素在碳元素的下方，碳元素有 6 个质子，原子最内层是两个电子，在外层是四个电子；硅元素有 14 个质子，有三层电子结构，电子数分别为 2、8、4。这意味着，碳和硅的最外层电子轨道都想获得 4 个电子，所以它们有很多相同的化学性质。你看，碳能和四个氢键合形成甲烷(CH_4)，硅也可以键合形成硅烷（ SiH_4 ）；还有硅酸盐和碳酸盐是相似的化合物；而且硅的聚合物也能形成长链，可以含有氧原子形成有机硅的化合物，例如：硅氧烷，我们经常用它来合成纤维，因此有人认为硅基生命是一些可以活动的晶体，这种生命可能是由透明纤维丝链接在一起的。"

"透明纤维丝是外星生命？"胖球听完又开始紧张了，它带着一些颤音望向高教授，"他们会不会像绳子一样把我绑起来？"

高教授听到这个发问反而笑了：“我们无法准确地预测硅基生命是什么样子的，但是地球上的一些迹象表明，生命的形成需要极其复杂的化学物质，如果我们想要让成千上万个原子稳定地形成有机分子长链，碳貌似是唯一的选择。因为碳有一些硅没有的优点：碳比硅要活泼得多，非常容易形成任意大而复杂的分子；而硅就不行，硅的键合能力很差，化学键之间还不稳定，也就是说由硅形成的有机分子长链的热稳定性很差，很容易断裂。”

小丽已经完成了搜索，虽然还是未能发现刚才那个未知生物，但是好像也没有什么威胁了，于是她接过高教授的话向大家解释道：“如果真的存在硅基生命，它们其实很脆弱，轻轻地摔一跤化学键都可能被震断造成骨折，也就是说这种生命的结构不可能很大，太大的话稳定性很差。我们人类这种碳基生命，1 个能打 10 个硅基生命，因为我们自身以碳为基础所组成的大分子长链就比它们的键合能力稳定。”

“那我就不怕了，未来等我们登上火星，我倒是要找一个硅基外星人打一架，好好练练手！”胖球这时倒是得意起来。看着它呆萌的样子，大伙儿一起哈哈大笑起来。

科学情报

碳水化合物是由碳、氢和氧三种元素组成。由于它所含的氢氧比例通常为 2:1，和水一样，故被称为碳水化合物。它是为人体提供热能的三种主要营养素之一。食物中的碳水化合物分为两类：人可以吸收利用的有效碳水化合物，如单糖、双糖、多糖；人不能消化的无效碳水化合物，如纤维素。糖类化合物是一切生物体维持生命活动所需能量的主要来源，不仅是营养物质，有些还具有特殊的生理活性。

实验基地

法老之蛇

材料

糖、小苏打、医用酒精、盘子，沙子。

过程

①将糖碾成粉，与小苏打搅拌混合（糖和小苏打的比例为 4:1）。

②将沙子放入盘中，挖一个凹槽。将混合后的粉末放在用沙子堆砌的凹槽中。

③向容器中倒入酒精，搅拌混合，并捏一个容易点燃的尖尖。

④点火，一条黑色的“蛇”从凹槽中长出。

解释

“法老之蛇”的主要成分是碳。糖的燃烧产物主要是水、碳和二氧化碳，小苏打在受热的时候也能分解出大量的二氧化碳，让糖燃烧之后的碳固化成了多孔蓬松的黑炭柱。

人体代谢的大管家

时空记录

地点：火星地球客运飞船

天气：-105℃，舱内温度 24℃

开启课堂

每日清晨 6∶30-7∶00 是小凯体能训练的固定时间。今天也不例外，当小凯大汗淋漓地从体能训练器上下来的时候，胖球已经等候多时，它贴心地给小凯递上毛巾和运动饮料。

小凯用毛巾擦着汗，胖球却在一旁嘟囔开来："人类真麻烦，还要不停地训练才能保持正常的机体能力，不像我们机器人，只要充电和涂一些润滑油就能活动自如，永葆青春。"胖球说完，动了动他的胳膊。可是左边胳膊也许是好久没有涂润滑油了，竟然发出了轻微的"吱嘎吱嘎"声音，这不免让胖球顿时尴尬起来。它用乞求的眼光望着小凯，窘迫地说道："呵呵，其实我们机器人也挺麻烦的，等一会儿我去维修舱做一个保养。"

小凯被胖球的这一系列操作逗得笑了起来，他喝了一口运动饮料笑着说道："人类身体和机器人身体的机能构造是不一样的，各有各的优缺点。机器人的身体能够抵御恶劣的环境，人类的身体能够进行自我调节和修复，拥有新陈代谢的功能。"

"新陈代谢？你能代谢出一个新小凯？"胖球有些不以为然。

小凯白了胖球一眼，并没有理睬他，继续说道："人体中含有的各种

元素，除了碳、氧、氢、氮等主要以有机物的形式存在以外，其余的 60 多种元素统称为矿物质，其中 25 种为人体营养所必需。钙、镁、钾、钠、磷、硫、氯 7 种元素含量较多，占矿物质总量的 60%~80%，称为宏量元素。其他元素如铁、铜、碘、锌、锰、钼、钴、铬、锡、钒、硅、镍、氟、硒共 14 种，存在数量极少，在机体内含量少于 0. 005%，被称为微量元素。这些矿物质元素虽然不能给人类提供热量，却在人体组织的生理作用中发挥了重要功能。比如血液中的血红蛋白、甲状腺素等都需要铁、碘的参与才能合成。

“不仅人类，动物们也会通过各种各样的形式来补充矿物质。有一种动物叫做岩羊，它们爬上数百米高近乎垂直的大坝，只是为了能够舔到大坝上渗出的矿物质盐，从而健康地生存下去。”小凯看过这样的视频，当时他为岩羊们的举动而深深折服。

小凯晃了晃他手中的运动饮料瓶继续说道：“就拿这瓶运动饮料来说吧，这里面就有许多的矿物质，其中最主要的就是盐，盐是人体不可或缺的营养素，对人体的新陈代谢有着不可替代的作用。在中国古代，人类进入农业时代以后，生活方式从狩猎逐渐转变为农耕。粮食中缺少盐，人又不能再像以前一样茹毛饮血来补充，所以就开始生产食盐。古代产盐大部分依赖于海水或盐泉，只要国家一陷入战乱，商贾不通，内陆地区就很容易缺盐。四川不靠海，人们就发现了地下盐，盐井便是在此时诞生。据《华阳国志》记载，四川盐井最早要追溯到战国时期，李冰任蜀郡守时组织当地人民开凿了中国第一口盐井——广都盐井。”

胖球听完露出了一个“赞”的表情：“中国人的智慧真的了不起。”

科学情报

新陈代谢：新陈代谢是指生物体不断用新物质代替旧物质的过程，也是指新事物不断产生发展代替旧事物的过程，也是机体与体内环境之间的物质和能量交换，以及生物体内物质和能量自我更新的过程。新陈代谢的好坏，也是影响我们身体健康的一个重要因素。

40 伟大的巢穴建筑师

时空记录

地点：火星地球客运飞船

天气：-106℃，舱内温度 25℃

开启课堂

这几天，小凯的小型种植基地的旁边有一些不寻常，本来平坦的泥土突然拱了起来，而且一天比一天高，这引起了小凯的注意。仔细观察之后，小凯才发现，原来是蚂蚁们筑起了自己的小窝，至于这些蚂蚁是如何登上火星登陆舱的，小凯怀疑是当时从地球带来的泥土中混进了一些蚂蚁卵，经过这些天的星际旅程，他们不仅长大而且已经构建好了一个小型的蚂蚁王国。

小凯小心地翻动着蚁穴，随着一层层往下轻微拨动，一个蚂蚁的地下“宫殿”浮现在了小凯的面前。

胖球就像是小凯的小跟班，哪里都有他的身影，不知何时已经挤在小凯的身旁。看到小凯在摆弄蚂蚁窝，他不禁尖叫地喊道：“小凯，你是要吃蚂蚁吗？我知道了，你一定是要补充一下蛋白质，不过这样吃蚂蚁好恶心。”

胖球连珠炮式的话语让小凯是哭笑不得，他叹了一口气说道：“动物不一定就是被人类食用的，它们有的时候还是人类的老师。”

“人类的老师？”胖球懵住了。

“是的，你来看看它们构建的巢穴，非常科学，值得我们登陆火星后借鉴，建立我们的临时火星基地。”小凯没有看着胖球，而是一边继续拨弄着蚂蚁巢穴，一边说着。

“这么厉害，那我来搜索一下蚂蚁的资料。”胖球顿时来了兴趣，它在网络中开始查询蚂蚁的相关信息。

“蚂蚁是一种黑色、褐色、黄色或红色，身体平滑或具有毛刺的节肢动物，属昆虫纲膜翅目。通常头部阔大，具有4–13节呈膝状的触角。复眼小，位于头顶，口足发达，跗节5节。有些种类为肉食性，捕食昆虫、蜘蛛及其他小动物；有些是植食性，取食种子、各种菌类及其他植物；有些则为杂食性，食物更加广泛。同时，蚂蚁是一种具有社会性的昆虫，以群居方式存在，最小的群体只有几十只或百余只蚂蚁，也有的几千只蚂蚁，而大的群体可达几万只，甚至数量更多。在一个群体中一般有四种蚁型，分别是蚁后、繁殖蚁、兵蚁、工蚁，它们各司其职，有着非常明确的分工。”

说完，胖球觉得这些小东西反而可爱起来，不自觉地托起一个小蚂蚁，小心地放在了电子显微镜下看了起来。这一看可把胖球吓坏了，显微镜下的蚂蚁面容可憎，活脱脱像是来自地狱的怪物。

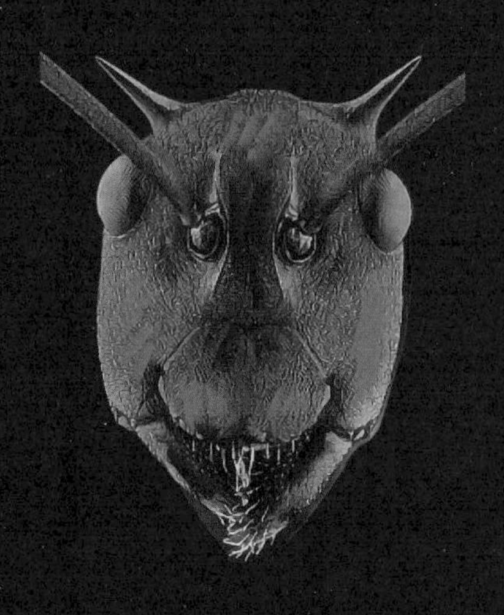

“好丑的蚂蚁，我一点都不喜欢它们了。”很明显，胖球受到了惊吓，一下子把那只小蚂蚁扔得好远。

“胖球，不要这样哦。每一种生物都会为了生存而进化成适合所处环境的模样，也许我们在火星上定居后，为了适应火星环境，头上也会长出两个长长的触角。”小凯说完用手捋了捋头发，模仿长了角的样子，向胖球扮起了鬼脸。

“可恶的小凯，我不喜欢蚂蚁，我也不喜欢你了。”胖球被小凯的恶作剧气得飞一般逃离了，身后留下了小凯的大笑声。

科学情报

蚂蚁窝是蚂蚁生活的地下巢穴，包含一系列彼此连通的地下小室，与地面经通道连通。地下小室包含育儿室、食物贮藏室、生育室等。蚂蚁窝由工蚁们负责建筑和维护，工蚁们将窝内小颗粒状的脏东西叼到出口附近，形成常见的蚂蚁窝土堆。

小凯很喜欢研究事物，他写了一篇关于蚂蚁的文章：

听说蚂蚁很团结、很齐心，我总想自己亲眼看看。

于是我在家门口用食物引来了几只蚂蚁。你看，来的这只蚂蚁全身黑色，头又大又圆，屁股却更大，比头整整大了两倍多呢！

为了确认蚂蚁是不是真的团结齐心，我找了一只死苍蝇，把它放在蚂蚁们的面前。只见一只蚂蚁爬过去，用嘴巴碰了碰，又动了动触角。然后，它去拉苍蝇，可是怎么也拉不动。过了一会儿它丢下苍蝇离开了。

不久，这只蚂蚁又从洞里钻出来了，后面跟着一群蚂蚁，浩浩荡荡地向那只苍蝇直奔过去。蚂蚁们围住苍蝇，有的抬头，有的抬身体，有的抬翅膀……，瘦小的蚂蚁居然把苍蝇给抬起来了，慢慢地拖向洞口。

请你也像小凯一样，观察蚂蚁并写下你的观察记录。

____

____

____

____

____

____

____

了不起的动物老师

时空记录

地点：火星地球客运飞船

天气：-109℃，舱内温度 26℃

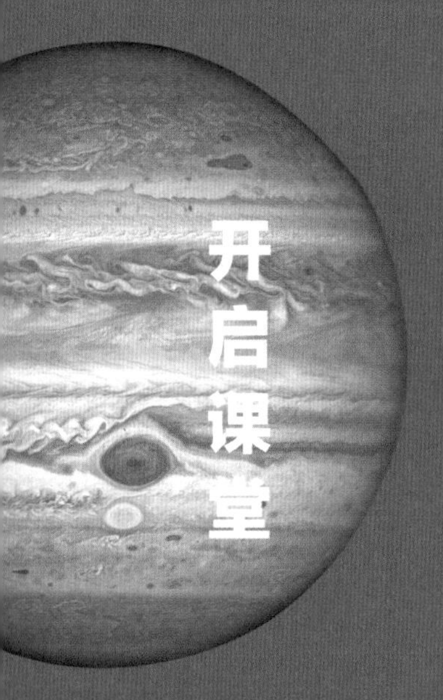

自上次恶作剧事件之后，好几天胖球都对小凯不理不睬。小凯也意识到自己犯了错误，几次主动向胖球示好，但都没有得到回应。

今天，小凯带着一个精美的盒子走到胖球面前，随着盒子的打开，里面是一枚明晃晃的铜质“火星勇士”勋章。这枚勋章是上次高教授授予小凯的，小凯一直非常珍惜，他知道胖球也非常喜欢，于是今天想把这枚勋章作为礼物送给胖球。胖球显然是动了心，欣然接收了下来。

“胖球，真对不起，我不应该那样吓唬你，真没有想到一只小小的蚂蚁会吓到你。”小凯又一次向胖球道歉。

“小凯，你还是别提蚂蚁了。”一想起蚂蚁那张狰狞的面庞，胖球还是心有余悸。它对小凯近期的动物研究有些不解，它继续说道：“真搞不懂你们人类，整天研究动物干嘛？登陆火星还需要它们吗？”

“胖球，登陆火星后，动物不仅可以作为食物给人类带来各种各样的营养，更重要的是它们可以是我们人类的老师哦！你知道仿生科技吗？”小凯向胖球解释。

“仿生科技！我知道，飞机就是模仿鸟类，我说的对吗？”胖球来了兴趣。

小凯看胖球来了兴趣，索性打开全息投影，展示了一幅长颈鹿的照片，饶有兴致地说道：“现代战机的飞行过载最大可以达到9个G，如果光是靠飞行员自身去调节的话还是无法避免黑视，为了进一步保证飞行员的安全还需要飞行员穿上抗荷服。抗荷服由尼龙织物制成，虽然叫抗荷服但实际上只有裤子没有上衣，主要原理是在大过载飞行时通过充气的手段将飞行员下肢紧紧束缚起来阻止血液聚集到腿部，从而保障飞行员脑部血液的供应。穿上抗荷服之后可以帮助飞行员提高1.2到1.6G的抗载荷能力，能在一定程度上减轻飞行员身体上的负担。

有意思的是，抗荷服的研制是由长颈鹿启发的。人们注意到了长颈鹿脖子那么长而不会出现脑部缺氧的现象，经过研究发现是因为其身体和腿部肌肉的紧绷提高了血压，从而实现脑部供血。于是，人们就研制出了可以帮助飞行员收缩腹部和腿部肌肉的抗荷服。”

胖球觉得太有意思了，它接着问道：“还有其他的仿生技术吗？”

“多着呢！比如人们发现猫利用太阳光治疗伤口，于是发现紫外线可以治病；模仿青蛙的眼睛制成了电子蛙眼；研究萤火虫发光的机理，掌握了冷光技术；通过模仿乌龟的背甲从而得到建筑灵感。”小凯一口气说出了许多人类利用仿生科技的例子，他继续说道：“我们登陆火星后，需要进行大量的火星地形探测工作，或许我们可以模仿蝙蝠开发一种完全自主的地形机器人，它能像蝙蝠一样发出声音并分析回声，以识别、绘制和避开障碍。”

“真了不起，未来我们通过研究蚂蚁巢穴在火星上建立我们的家园，这些都是动物老师们教给我们的技能。”胖球这时又觉得蚂蚁们变得可爱一些了。

大自然中的动物各怀绝技，小凯不由得感叹道：“当然啦！庞大的生物王国神秘莫测，奥妙无穷。仿生技术以模仿生物为特长，取得的一个个成果像一串串明珠，耀眼夺目又趣味盎然。充分利用这些成果会使人类的生活更舒适、更方便，使人类在火星上行动越来越自由。”

科学情报

仿生科技

仿生科技是介于生物科学和技术科学之间的科技。它把各种动物系统所具有的功能原理和作用机理作为模型进行研究，从中受到启示，充分挖掘和利用其中的科学道理来推动科学技术的进步。

恐龙霸主启示录

时空记录

地点：火星地球客运飞船

天气：-115℃，舱内温度 24℃

经过七个月的飞行，飞船已经从太空转入了火星轨道，再过一天的环绕就会在火星上登陆了。大家都非常兴奋，有些队友甚至都流下了激动的泪水。

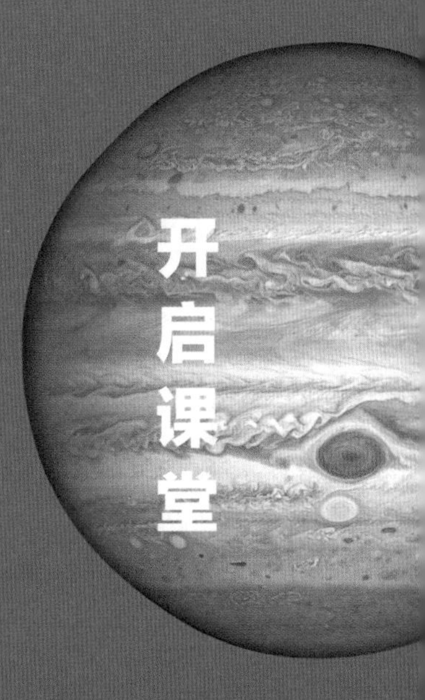

早餐过后，高教授通知大家一起碰个面。今天的高教授显得非常淡定，至少在他的脸上没有流露出其他人那样兴奋的表情。队员们安静地坐在会议桌前，等待高教授布置登陆后的任务。但是高教授没有提及登陆的事情，却和大家娓娓道来说起了恐龙灭绝的事情，这让大家吃惊不小。

好像是察觉到了大家惊诧的表情，高教授喝了一口咖啡，神采奕奕地开始了发言："大家都知道地球上原来的霸主恐龙吧，对于恐龙的灭绝，科学家们有许多猜测。长期以来，最权威的观点认为，恐龙的灭绝和 6500 万年前的一颗大陨星有关。据研究，当时曾有一颗直径 7–10 公里的小行星坠落在地球表面，引起一场大爆炸，把大量的尘埃抛入大气层，形成遮天蔽日的尘雾，导致植物的光合作用暂时停止，恐龙便因此而灭绝了。1991 年，在墨西哥的尤卡坦半岛发现了一个发生在久远年代的陨星撞击坑，进一步证实了这种观点。今天，这种观点似乎已成定论了。

但也有许多人对这种小行星撞击论持怀疑态度，因为蛙类、鳄鱼以及其他许多对气温很敏感的动物都顶住了白垩纪而生存下来了。这种理论无法解释为什么只有恐龙灭绝了。”

会议桌前的队员们一时陷入了沉思。

高教授又悠然地喝了一口咖啡，继续说道：“迄今为止，科学家们提出的对于恐龙灭绝原因的假想已不下十几种，比较富于刺激性和戏剧性的‘陨星碰撞说’不过是其中之一而已。当文明发展到某一程度以后，势必会遭受整个宇宙系统的筛选。而这个筛选过程，会以各种让人意想不到的方式出现。在这样的情况下，生命自然会逐渐走向灭亡，直至消失不见。要知道就科学历史上来看，类似这样的天体环境绝对数不胜数。我觉得恐龙灭绝的根本原因就在于它们能否经受得住这样的考验。如果能够挺过去，恐龙文明或许会越发强盛；可如果无法承受，最终也只能变成历史之中的一粒尘埃，永远地消失在历史长河之中。"

高教授的这一番话，大家似乎是明白了。丽丽率先说道："高教授，你是想要告诉我们，在登陆火星后，一定要利用我们人类自己的智慧来改造和适应火星这个新的星体环境，从而避免像恐龙那样灭绝的厄运。"

听完丽丽的发言，高教授满意地点了点头。

突然，他的表情一下严肃起来，声音变得铿锵而又有力："我们人类所拥有的智慧程度，简直可以用夸张来形容。恐龙存活上亿年的时间，最终却没有丝毫进步，而人类只是存在了数万年的时光，便已经发展到现如今这样的文明高度。因此，在未来的火星生活里，相信我们一定会有更强的能力来应对这些未知的困难和危机。"

科学情报

大灭绝事件：恐龙是生活在距今大约 2.4 亿年至 6500 万年前的部分能以后肢支撑身体直立行走的一类动物，其支配全球陆地生态系统长达 1.6 亿年之久。大部分恐龙已经灭绝，但是恐龙的后代——鸟类却存活了下来并繁衍至今。

入住火星先遣站

火星先遣站通常不会太大，可根据不同的研究目的，用它来探究火星大气成分和压力、温度、光照等环境条件。通过一些实验和探索，建立人类移民火星所必需的基础设施，为人类最终建设火星城市提供建设经验和依据。

43 火星基地生活区

时空记录

地点：火星基地

天气：-35℃，基地内温度 26℃

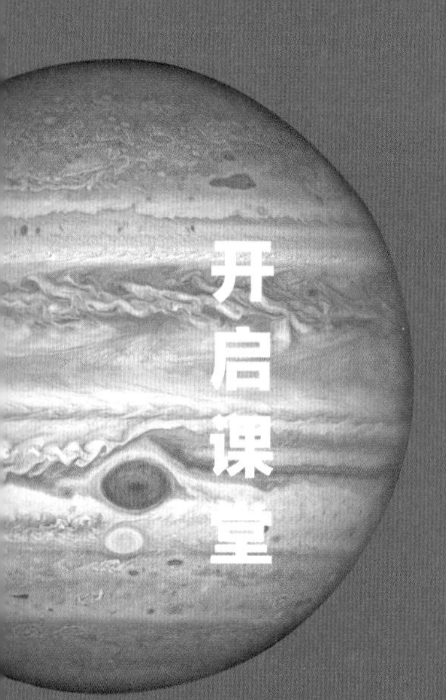

第一次踏足这个红色星球，所有的成员既兴奋又充满期待，每个人的眼睛里都充满好奇。经过长达 7 个月的长途奔波，大家虽然觉得有一些疲惫，但是在看见火星基地的那一刻，他们还是被深深地震撼到了，所有的疲惫一扫而空，红色的建筑与红色的星球融为一体。

火星基地大厅宽敞而又明亮，非常熟悉的半球形穹顶显得非常气派，墙壁上一面巨大的显示屏实时显示各种参数。

大家见到了火星基地的负责人——郭教授。他将带领大家熟悉基地，并指导大家开展研究。

“队员们，欢迎大家来到火星基地！下面几天我将带领大家熟悉和了解基地。”伴随着郭教授亲切的问好声，小凯的思绪立刻被拉了回来。

在郭教授的身旁还有一位机器人。这个机器人有 2 米多高，全身深褐色，身体表面的材料非常特殊，看不出是金属还是塑料。它有六条腿、四只手臂，除了头部的 4 只眼睛外，身上还有十几只眼睛。机器人的四只手臂都垂在身旁，正对着大家的眼睛一闪一闪地发着蓝光，似乎在打量着大家。队员们也在不断地打量着这个“大家伙”。

也许是看出了大家的疑惑，郭教授微笑着说：“我来介绍一下，这是‘大力’，在火星上可以轻松举起10吨重的物体。它不仅像它的名字一样力气很大，而且智商很高，学习能力也很强，我们基地的信息它都很熟悉，而且可以随时与地球的智能网络相连接来获取信息。”

基地占地面积159630平方米，处于火星的北半球，离赤道500公里；背靠着一座高度为3100米的山，离一条暗河不远；分为地上1层和地下5层，最多可容纳260人。地上的建筑主要为穹顶结构，温室采用特殊的玻璃，可以阻挡大部分的辐射而保证光线透入。

按照功能划分，基地包括十二个区：发电站、火箭发射区、总控中心、生产区、维修基地、通讯中心、购物中心、研发中心、停车场、医疗中心、物资储备区、生活区，地上层有8部电梯和4个楼梯通往地下层。地上层

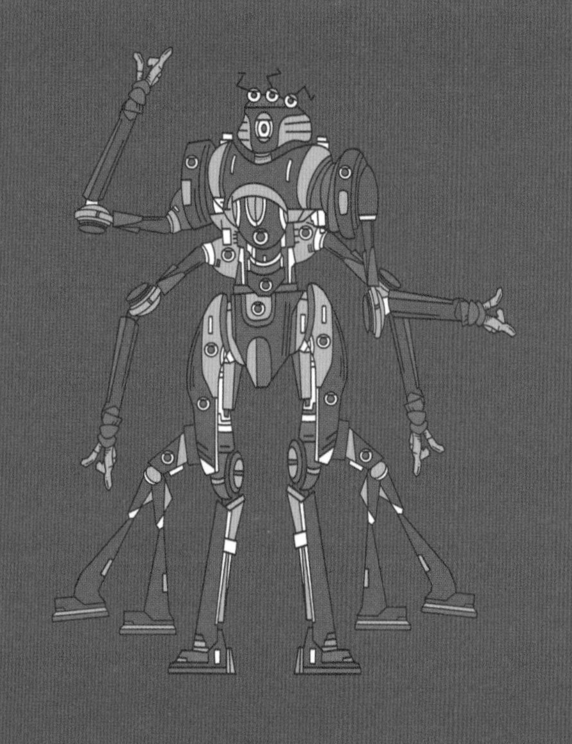

和地下层之间气闸通道连接，地下每个区之间也都有气闸通道连接。

发电站、火箭发射区位于地上层;总控中心、生产区、维修基地、通讯中心、购物中心、研发中心、停车场都是既有地上层，也有地下层；医疗中心、物资储备区、生活区则全部位于地下层。

火星基地所有室内区域都有再生式生命保障系统，包括制氧、水回收与处理、尿处理、二氧化碳去除以及有害气体去除等子系统，能够实现氧、水等消耗性资源的循环利用。各个区域都有独立的温度、湿度等控制系统，可以满足不同的任务需求。

地下城的光线都从墙壁里发出，十分柔和，和太阳光很像。夜晚灯光会变暗，可以模仿地球的环境，帮助人们更快地适应火星生活。

大力给每个队员都准备了一个手持终端，每人都可以根据个人需求通过 APP 调节自己房间内的照明环境、睡眠模式、工作模式、运动模式……

每层都有专门的绿化带，有水培的也有在土里种植的，既有观赏植物也有可食用植物。

队员们一边饶有兴趣地听着大力的解说,一边好奇地打量着周围的一切。

“现在我们来到的是生活居住区，大家以后的生活起居都在这个区域。这里基于人性化的理念设计，兼顾了私密性和便捷性。每位队员都有独立的睡眠区和卫生区，锻炼区、厨房和就餐区是公用的。厨房有冰箱、餐桌、微波炉、烤箱、冰箱、饮水机；就餐区域配置了加热、饮水等设备。火星基地的菜品多达 160 多种，营养均衡、口感良好。

沿着廊道来到一个大房间，大力介绍：“这是娱乐健身室，区域内有太空跑台、自行车等锻炼设备供大家进行日常锻炼，当然也可以看电影、听音乐，从而缓解大家的心情。”

基地内部采用全新的“移动 Wi-Fi”信息技术。每位队员都配有蓝牙（骨传导）耳机，可以自由连接手机和平板电脑，在任何位置都可以高效、轻便地与队友“打电话”、“通视频”。当然，闲暇时还可以听听音乐。每位队员也有私密语音通道。

小常识

火星大气层主要由二氧化碳、氮、氩、一氧化碳、少量氧气及其他微量气体组成，气压非常低，人类不能直接呼吸。同时，火星的昼夜温差很大、辐射大，所以目前火星地表不适合人类居住。基地大部分建筑位于地下，有利于保温和防护，严格密封以防止室内气体散发。水、氧气、二氧化碳都是宝贵资源，尽量做到循环使用。

科学情报

实验基地

怎样净化水

器材

中号试管5支、试管架、50mL烧杯2个、500mL烧杯1个、普通漏斗1个、滤纸、铁圈、铁架台、玻璃棒、泥沙、红色素、肥皂、明矾、活性炭。

步骤

①用500mL大烧杯取适量自来水，加入泥沙、肥皂、红色素，用玻璃棒搅拌静置。

②取上述大烧杯内适量的水于试管中，做好标记，然后将试管置于试管架上。

③向上述大烧杯内加入适量明矾，用玻璃棒充分搅拌后再静置片刻，然后取适量于试管中，做好标记，然后将试管置于试管架上。

④取上述烧杯中的液体进行过滤，过滤完毕取适量滤液于试管中，做好标记，然后将试管置于试管架上。

⑤向上述剩余滤液中加入适量活性炭，用玻璃棒充分搅拌后再次过滤，过滤完毕仍取适量滤液于试管中，做好标记，然后将试管置于试管架上。

⑥观察试管架上各试管内的液体，比较经过各种方法净化后水的洁净程度。

说一说你的发现

______

______

______

44 火星基地生产区

时空记录

地点：火星基地

天气：-33℃，基地内温度 23℃

第二天吃过早饭，小凯来到基地大厅。这时，其他队员已经到来了，他们聚拢在一起，叽叽喳喳地讨论着什么。小凯走近一瞧，只见墙壁的显示屏上有一幅巨大的火星农场实时影像。“这是水培基地，和我们在培训基地里的很像，不过就是大得多！”小丽说。

“咳咳”伴随着两声轻咳，喧闹的室内顿时安静了下来。不知何时，郭教授和大力已经站在大家身后了。

大家各自就位后，只见郭教授的手在空中一挥，一张火星的地面图片展现在大家面前。“这是一张火星表面的照片。大家都知道火星光照不及地球的一半、温度变化很大、气压极低、缺少水分、土地缺少肥料、辐射强烈，这一切都不利于植物生长。所以，目前都是在室内种植作物。今天我们就要去火星基地的生产区学习。生产区最重要的功能之一就是生产所有人的食物，另外还有制水工厂、制氧工厂、矿物加工区、制造工厂等。”郭教授讲完后，微笑着对大家说道：“现在我们就出发，大力会在前面给大家做向导。”

一行人跟着大力来到了生产区的地上部分。地面上的穹顶非常高，大

概有 20 米，光线从顶部透入。

小丽这时很小声地问小凯：“这玻璃防辐射吗？”小凯正在思考这个问题，就听到一个瓮声瓮气的声音说：“请放心，我们早就解决了这个问题。这是一种含有防辐射物质的特殊玻璃，采用多层结构的形式，可以有效阻挡辐射，其夹层设计使得保温效果很好。另外，室内还有恒温装置，可以根据外界温度主动调节室内的温度以保持室内温度稳定。这种玻璃比战斗机的座舱玻璃还要结实很多，能经受很大力量的撞击，所以不用担心。另外，请大家仔细看，穹顶舱外面还有一层活动的防护罩，在侦测到有大的陨石或其他物体飞来之前，可以关闭。

听大力这么一说，大家不约而同地抬头仔细看玻璃穹顶。这时，小丽突然喊道：“咦！那是什么？”只见高高的穹顶上有个与大力很像的机器人正倒挂在支架上。郭教授看了眼说：“它是维修机器人，不仅可以维修穹顶，还可以维修基地的各种机器、设备。”大家又看看大力，没想到这个大个子可以这么灵巧地在玻璃穹顶上倒立自如行走。

随后，郭教授说：“这里是生产区之一——农业生产区。整个农业生产区包括植物大棚以及小型动物饲养区，分为地上和地下部分，是食物来源以及科研研究和实验区域。由于从地球运送物资的成本过于昂贵，时间也长，这里大部分的建筑材料都是由火星基地自己生产，然后搭建起来的。

“这里暂时没有养殖大型动物，主要是种植食用植物和养殖小动物。水稻、小麦、大豆、芦笋、芹菜、青菜、韭菜、青椒等 100 多种植物都可以种植，能够满足这里所有人的日常需要。

“地上层主要种植土培植物和做一些农业科学实验。这里的土都是取自火星，根据不同农作物的需求做了一些改进。地下层主要是水培基地，由机器人完成种植到收割的全过程。灯光则是使用人造光源，每种植物需要的光波长不同，所以不同植物的光颜色也不同。

“为了补充动物蛋白，我们还养殖虫子。这种虫子就是咱们熟知的黄粉虫。它的营养可不简单，蛋白质高达六成。另外还在实验养殖蚯蚓，当技术成熟之后就可以请大家吃蚯蚓干了，很美味的一种食物。”

队员们虽然在培训中就知道，但是当听说真正要吃这两种虫子，还是忍不住吐了吐舌头。

“这就是农业生产区的基本情况，下面由大力带领大家继续学习，有任何问题都可以向大力提问。”郭教授说完跟大家挥挥手就先去工作了。

然后，大力带领大家依次去了制水工厂、矿物加工区、制造工厂。

大力边走边说："在火星生活，水、氧气、矿物来源决定了人类能否在火星长期居住，全部从地球运输，成本太高，所以就要利用火星本地资源。其中，最重要的可利用资源是水冰、氢、氧、铁和铝。

水冰是人类生存的最重要物质，可在极区和冻土中提取。为了解决火星水资源匮乏的问题，我们在两极地区设置了无人开采装置，用于开采两极地区的固态水，然后运回基地使用。

氧是维持生命的重要气体。另外，氧还可以用作运载火箭的推进剂。氧气可以电解水制造，也可以通过二氧化碳获取。氢也可以通过电解水制造。铁和铝在火星上蕴藏丰富，我们现在每天派出机器人采矿队在火星上开采铁矿和铝矿，然后提炼铁和铝。此外，我们还可以制作塑料。有了这几样材料，就可以在制造厂制作各种机器、设备。"

科学情报

按照《中国居民膳食指南》，中国成人每天要吃谷物 300 至 500 克、蔬菜 400 至 500 克、水果 100 至 200 克、奶类 100 克、豆类 50 克、肉类 50 至 100 克、鱼虾 50 克、蛋类 25 克至 50 克、油类 25 克。这样算下来，每个成年人每天要吃各种食物 1100 至 1575 克。

依此计算，每人每年要吃掉 400 至 575 千克食物。就按照平均量计算，一个人一年要消耗 0.5 吨左右食物，这还不包括氧气和水，如果都要从地球运送代价就太高了。

植物生长液的配制

器材

烧杯、量筒、纯净水、pH试纸、浓缩营养液（市售）。

步骤

①仔细阅读说明书，根据培养容器大小计算稀释应该加入的水量。

②先倒入浓缩营养液，然后加入纯净水，搅拌。

③测量 pH。

④把泡沫戳孔，固定好植物，使其根部接触到液体。

所有植物都需要“营养”才能生存。在传统的园艺和耕作中，植物从土壤和肥料中获得养分。

在土壤里，有机物质需要经过土壤微生物和动物的分解才能转化成植物生长所需的矿质营养物质。土壤中的水溶解这些矿质养分（通常以离子态存在）之后被植物的根吸收。

为了让植物获得均衡的营养，土壤中的各种物质必须符合最佳比例，但是如此标准的土壤在自然界是很罕见的。

采用水培法，人们可以手工调配营养均衡的溶液，实现植物均衡的“营养”。植物可以通过根部直接吸收营养液中的养分与水分，这显然要比寻找“完美土壤”容易得多。而且，这些溶液都是装在容器中的，可以循环使用，不会流入土壤对环境造成影响，安全可靠而且可持续。

火星基地维修区

时空记录

地点：火星基地

天气：–39℃，基地内温度 28℃

当小凯早早来到火星基地的大厅时，有好几位小伙伴已经到来了，他们聚拢在大厅的中央，叽叽喳喳地讨论着什么。

小凯走近一瞧，大厅的中央是一个只有 50 厘米左右高的机器人，有八条腿（或者说手），八个眼睛。

“啧啧，这是什么机器人啊？像巨型蜘蛛。”小凯小声嘟囔，稍微往后退了一下。

“咳咳”伴随着郭教授的轻咳，大家顿时安静了下来。

“今天带领大家到维修区学习，这是我们基地非常重要的一个区域，整个基地的正常运行都离不开他。今天大力临时有事，就请维修区的八爪带领我们去”。

“大家请跟我来。”随着一声清脆的声音，八爪就快速向前“走”去。

没想到他走得很快，大家要加快步伐才能跟上他。

很快，大家就来到一间偌大的房间，首先映入眼帘的是几台悬挂起重机、数控车床、大型 3D 打印机。环顾四周，发现墙上挂着扳手、钳子、钢锯、各式锉刀、螺丝刀、月牙扳手、卷尺、铁皮剪、火钳、镊子、老虎钳、剥皮钳……

工具箱里有动力钻、夹具、冲击扳手、抗高温电线、卷边器、锤子、

止血钳、液压千斤顶、风箱、便携式压缩气筒、塑料炸药、十字锹、木槌、螺丝钳、软管夹子、精细螺丝刀、放大镜、胶带、钻孔机、剪刀、筛子、车床、各种尺寸的水平仪、长鼻钳、大力钳、阀门、模具、铲子、压缩机、发电机、焊接机、电烙铁、焊锡、磁棒天线、三极管、变压器、电容、计算机、收音机、放大镜、显微镜……琳琅满目的工具让人眼花缭乱，但是只见几个机器人取用工具快速而准确，一点也不乱。

在维修区中，郭教授一边引导着大家，一边讲述着人类探寻火星的历史：“在地球上的生活中大家往往不觉得维修十分重要，家里的很多设备损坏了，往往是换新的，尤其是家电。因为维修的成本太贵，维修两三次的钱都够买一个新的了。

“但是，维修在这里却有着重要的意义：基地设备的结构极其复杂，在实际的使用过程中往往会发生故障，其中一些故障会直接影响任务的完成，甚至危及成员的生命。这个时候维修就显得很有必要了。

“另外，火星上的任何资源都十分珍贵。如果什么东西坏了都从地球运输，一个是成本太高，另一个是时间太长。因此，具备一只高效的维修队伍意义十分重大，这样可以延长设备的寿命。”

“基地维修种类繁多，比如航天器、各类车辆（火星车）、无人机、通讯设备、实验设备、工程、水电、工量具、机械设备、制冷设备、数控电加工、机电设备、变配电设备、电气自动化设备、楼宇自动化设备、工业自动化仪器仪表、机器人、通用电子设备、通信设备、办公设备、光伏

设备、飞行器维修、桥梁、公路……仅靠传统修理技术和日渐老化的专业知识，远远不能适应现代快速发展的大环境对设备维修的需求。因此我们来火星时，带了一支顶尖的维修队伍。这支队伍由十二名经验丰富的工程师组成，每人都是多个领域的专家，机床切削加工、车工、铣工、焊接、钣金、磨工、铸造、金属热处理、有色金属冶炼、电子电气、计算机编程……，用十八般武艺样样精通来形容一点不夸张。

“虽然他们有十二个人，但是非常繁忙。为了尽量提高维修效率，这里很多的设备零件都使用同一种规格，包括芯片、电路板、螺丝钉都尽可能使用同一种规格的，如果实在做不到一种规格，也尽量使用同一系列的，这样便于互换，而且配件种类也少。”

“随着火星基地的建设，维修工作量大大增加。为了提高效率，我们制造了像八爪这样的维修机器人。机器人开始要学习很多知识和技术，但是他学得很快，学会了以后一个机器人就可以顶好几个人了，而且还可以继续生产机器人。随着机器人越来越多，工程师们的工作量就大大减轻了。

“维修部工作大部分由机器人完成，只有机器人遇到解决不了的问题时，才由负责人来维修。维修过程会拍摄成视频供机器人学习，下次它们就能自己维修了。

“他们不仅在这里维修，很多时候还要外出维修。你们要知道，我们有好几个工厂在基地外，比如太阳能发电站、核电站、风力发电站，还有采矿场，比如采冰厂、铁矿、铝矿等。

“我们不仅在火星上，有时还要到火星的上空去维修，因为整个火星上有一百多颗卫星，还有两个空间站。”

“啊！蟑螂！”只听小丽一声尖叫。

大家循声望去，地上有一只比蟑螂大的“爬虫”在快速移动。

“这不是蟑螂，这是微型机器人。现在这里除了像八爪这样的机器人，还有像大力一样的维修机器人，还有微型机器人，只有 5 公分大，可以钻进很多设备内部进行维修。别看它小，本领可大了！”

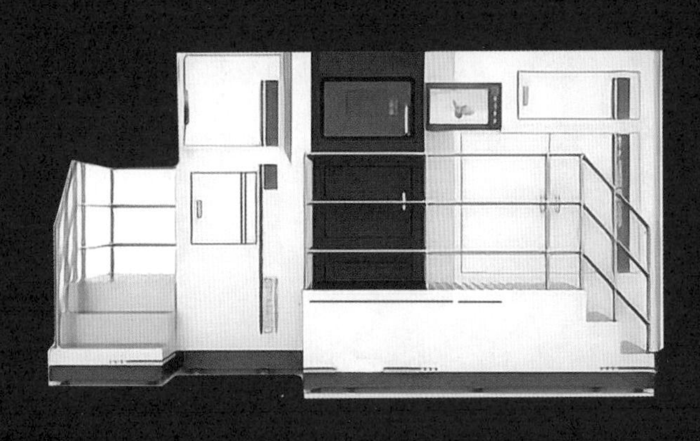

郭教授看了一眼后微微笑着说，说话间这个微型机器人就已经钻到一个细长的管道里去了。

“噢！”小丽不好意思地看了看大家。

这时小凯提出了一个问题：“郭教授，这个大的机器是什么啊？”

郭教授说：“这是重型 3D 打印机。近期我们的 3D 打印技术也有了较大突破，可实现钛合金、钛铝合金、高温合金、难熔金属等高性能、难加工材料复杂构件的增材制造，且在零部件制作精度、难度等方面，也能实现较佳的效果，成形效率高、成本低。

科学情报

神舟十二号的 3 名航天员，在太空中有相当一部分工作是进行舱内组装和维修。也就是说，完成空间站的建造任务，以及保持空间站十几年的运行，有很多组装和维护维修工作需要航天员在太空中独立完成，其中有一些甚至需要出舱，在舱外完成。

单算核心舱，上面就有 1243 台设备。它们的很多组装工作都需要航天员在天上手工完成。此外，还有一系列出舱活动，航天员在太空中一点也不轻松，要夜以继日地开展工作。

46 地下物资储备区

时空记录

地点：火星基地

天气：-41℃，基地内温度 28℃

吃过早饭后，小凯就来到火星基地大厅了。已经有好几位小伙伴到了，他们正在围着大力问这问那。大力六条腿直立着，四条胳膊安静地垂下，头低着彬彬有礼地回答问题。看着这么个“大个子”规规矩矩的样子，小凯不由地笑了。不一会儿郭教授也来了，清点过人数后，就由大力在前面带领大家向物资储备区走去。

经过三道气闸门之后，来到了一个房间。“大家好！欢迎来到物资储备区。”一个清脆甜美的声音传来，只见一个 1.5 米左右的机器人正在欢迎大家。

小凯觉得非常面熟：“美美？！”

也许是看出了小凯的表情，郭教授微微一笑：“这位是管理员‘婷婷’，也出自火星时代科技公司。这里所有的数据都存储在它的大脑中。现在我们领用物品，几乎都不亲自过来，只要在网上下单，它接收到后就可以让机器人搬运工直接送到。它勤勤恳恳，除了充电的时候几乎不休息。”大家一边

听郭教授说，一边打量着婷婷，婷婷也闪着大眼睛看着大家。

“请大家换上宇航服，由我带领大家参观。”婷婷说。

“还要换宇航服？难道仓库在基地外面吗？”众人正在疑惑间，郭教授说了：“这里全部由机器人管理，而且为了延长保存期，这里没有氧气。这里有备用的宇航服，大家穿上吧。”

队员们很快穿好了宇航服。有一段时间没穿宇航服了，小凯有点既熟悉又陌生的感觉。

婷婷在前面带路，连接仓储区的气闸门刚打开，灯光昏暗，大家看不了很远，只听见轮子滚动的声音和搬重物的声音。“开灯！”耀目的光线立即照亮了整个仓库。

“这么大啊！”虽然猜出仓库很大，但小凯还是被震撼到了，和小伙伴们不约而同地发出惊叹声。

“欢迎大家来到地下物资储备区，这里长980米、宽126米，分为生活物资区、生产物资区两大部分。食品、医疗、燃料与能源、通讯、安全防护、电子、工程、工业用品、交通、日用品……，现在共存储了38大类853651件物资，并且还在增加中。”

这里的工作人员也都是智能机器人。只见8个和大力差不多的机器人在这里忙碌着，与大力的区别就是腿上都有很大的轮子，在平地上运动速度很快，一大箱货物都能轻松搬动。小凯以为火星上引力小，就用手推了推，发现纹丝不动。

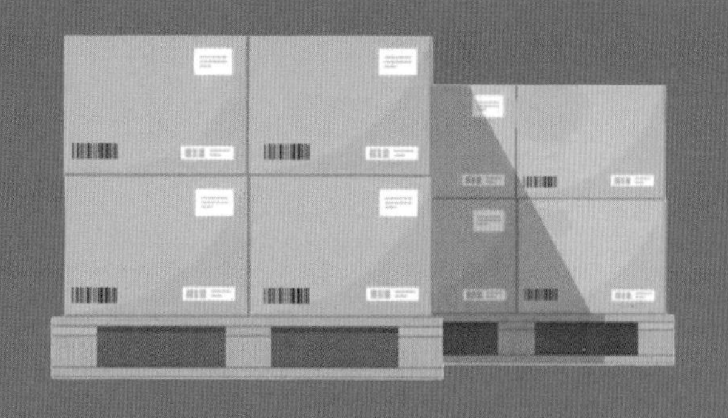

队员们一边饶有兴致地听着婷婷的解说，一边好奇地打量着周围的一切。

“这么多啊！”大家都吃惊了。

“是的，因为火星物资匮乏，绝大部分物资都靠自己生产。而来回地球一趟需要大约一年时间，因此几乎每样东西都要存储。而且有些物资的存储量还非常大，尤其是食品，一般都储存够15个月的。”郭教授说。

“那过期了怎么办？”小凯问。

“这个问题，由婷婷来回答吧”，郭教授看了看婷婷。“大家不用担心。我们这里一般情况下处于和火星表面类似的状态，温度低、气压低。而且这里没有阳光照射，还会定时灭菌，所以各种物资的储存期也会大大延长。我们记录了每样物资的生产日期，一般都是先进仓库的先取用，保证物资动态管理。”

小凯看了下宇航服的参数，外界温度零下26摄氏度，气压700帕，难怪要穿上宇航服了。

“噢！我明白了，这样做的好处是不仅可以延长保存期，还可以节省能源。”

这时小凯问：“郭教授，您看这上面都有条码，这是做什么用的呢？”

郭教授微笑着说：“你观察得很仔细，那是电子标签，物品的‘身份ID’。”

最初的物资管理系统也有条码，可以人工通过条码阅读器扫描，再通过无线或有线的方式更新物资信息管理数据库。这些物资信息管理数据库存放于基地的电脑，在地球指挥中心也有备份。

物资管理系统，主要改进就是使用了无线电射频识别技术，所有物资上都内嵌有超薄微型芯片的标签。这就相当于物品的身份ID。人工可以通过手机、手持式读写器、平板等设备识别，机器人可以直接识别。

无线电射频识别技术具有如下特点：

1. 低功耗；

2. 高速率，自动识别与定位；

3. 穿透力强，抗干扰性能好；

4. 识别距离远，定位精度高。

这套系统能够实现物资的录入、取出、位置移动等信息的更新，从而实现批量、快速和准确地自动识别，达到物资管理的数字化，可大幅度减少清理物资的工作量。

RFID 技术及其特点

RFID 技术也被称为“电子标签”，是利用无线电波、微波或者电磁感应进行非接触式双向通信以识别身份并交换数据，从而对信息进行标识、登记、储存和管理的技术。

RFID 技术属于短距离无线通信技术的一种，与其他短距离无线通信技术如 WLAN、蓝牙、红外、ZIGBEE、UWB 相比最大的区别在于 RFID 是被动工作模式，即利用反射能量进行通信。其具有以下特点：小型化、多样化、可读写、记忆容量大、可重复使用、穿透性强、安全度高、耐候性好。在社会生活中有着广泛的应用，比如：汽车防盗、门禁系统、畜牧业管理等。

实验基地

金属分拣器

设计思路

本实验的目标是，设计一个金属分拣器，使之能够自动分拣铜、铁螺丝。

本实验的总体思路是，在光滑轨道上让单个螺母顺次滑下，在轨道中间的适当位置做一个分流轨道，方便铁螺母滑入其中，而铜螺母则滑入主轨道的下方。

器材

双面胶、透明胶、剪刀、硬卡纸、螺丝刀、磁铁、铜螺丝、铁螺丝。

步骤

①设计轨道方案，画出图纸。

②按照图纸裁剪纸板。

③将螺丝固定到纸板上，调整合适位置以达到最佳工作状态。

④美化设计。

科学原理

①学习磁铁的磁性。

②力可以改变物体运动状态。

工程难点

①分流口如何设计才能有利于铁螺母的分流，又不影响铜螺母的通过？

②根据什么原则确定磁铁的安装位置？

艺术应用

①如何发挥创意，使得作品兼具实用性和美观性？

47 基地中的发电站

时空记录

地点：火星基地

天气：-41℃，基地内温度 28℃

结束一天的学习之后，队员们在餐厅吃饭。这时候广播里传来声音："沙尘暴即将来袭，火星基地将减少电力消耗、减少洗漱热水供应，浴室由每天开放改为三天开放一次。"

"啊！"小伙伴们突然听到这个消息都吃了一惊。

"你们才来火星基地，第一次碰到这样的情况，郭教授怕你们担心，所以让我来给你们解释一下。实际上沙尘暴非常常见，我来这里已经碰到 11 次了。大量的热能和电力是建立火星基地生产的关键。你们都知道人类利用了哪些能源吗？"不知何时，大力来到了餐厅。

"水力、化石燃料、木材燃烧、核能、地热能、太阳能和风能"，有队员答道。

"很好！但是现在在火星上，靠水力发电、化石燃料、木材燃烧、地热能都是不可能的。火星大气比地球稀薄，风力发电技术还有一些难题等待克服。所以主要用核能。当时我们设计的核反应堆工作寿命是 10 年，能持续产生 2000 千瓦电量和 40000 千瓦"废热"，这个反应堆大约重 30 吨。"

"相比之下，同样昼夜电力输出功率（但热力输出为 1/20）、同样使用寿命的太阳能电池阵列质量将达到 500 吨，超过 200 个足球场大小。这种情况下，要从地球运输过来，显然太重了。因此，在基地发展的早期，作为大型能量的初始来源，核能是最好的选择，太阳能只能小规模利用。”

“那为什么现在又大力发展了太阳能呢？”

“这个问题谁知道答案？”大力闪闪发光的眼睛扫过众人。

“绿色环保。”小凯回答。

“很好！我再考考你们！谁知道太阳能电池发电的原理？”大力又看看大家。

小丽高高举起手说：“太阳能电池发电的原理是光生伏打效应。光伏电池的晶体硅中掺入了某些元素，在材料的分子电荷里造成永久的不平衡，形成具有特殊电性能的半导体材料。在阳光照射下，这种半导体材料内部可以产生自由电荷，这些自由电荷定向移动并积累，从而在其两端形成电动势，当用导体将其两端闭合时便产生电流。

“说得好！我再详细给你们讲讲。1887 年，著名物理学家赫兹在一次研究中偶然发现：光照射到某些物质表面，其内部的电子会逸出从而形成电流，这一现象被称为‘光电效应’。”

“研究表明，同一种物质，有些颜色的光无论多强都无法发生光电效应，有些颜色的光即使强度很低也能产生电流，这让当时的人们很难解释。后来我们所熟知的阿尔伯特·爱因斯坦给出了正确的解释，因此荣获了 1921 年的诺贝尔物理学奖。

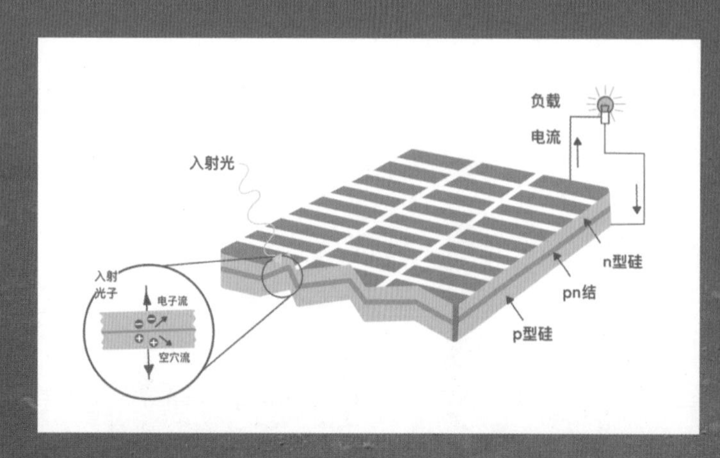

“那么是不是在火星任何地方都可以用太阳能发电

呢？”大力抛出一个问题。

“应该不能。我记得高教授说过，火星的光照强度本身就比地球少，在火星两极就更少了，所以在火星赤道附近建设太阳能发电站最好。”

“对！我们基地当时选址也是考虑到这点。另外，当太阳能电站越来越大，产生的电能越来越多的时候，白天我们会利用多余的电能将水分子分解成氢和氧储存在容器中。到了晚上，当太阳能电池板不能产生能量时，我们使用燃料电池将储存在这些气体中的能量释放，产生电力，再生水。”

这时高教授也来了，他安静地听着大家的讨论。这时不知谁喊了一声：“高教授！”大家都围了上来。

“高教授，您最近去哪里了？我们好想您。”

“我最近在开展一个重要的研究，因为太忙所以一直没过来。这不，一有空就来看你们了。”高教授笑着说。

“我刚才听你们讨论得十分激烈。你们可以设想一下未来火星可以使用的能源，我们明天讨论。”

“好！”大家异口同声地回答。

科学情报

千瓦小时

电量的计量单位是千瓦小时。电量的计量是用电度表来进行的，是以度为单位，1 度电是 1 千瓦小时（kW · h），就是 1 千瓦的电器满负荷运行 1 小时的电量。

太阳能电池应用领域

1. 航天和宇宙太空开发及高科技领域的应用。太阳能电池由于可靠性和特有优越性首先在航天技术领域大显身手，太阳能电池于 1958 年第一次登上人造卫星。

2. 工农业生产的应用。作为一种新的能源，太阳能在工农业生产上也得到了广泛应用。例如漫无人际的高山大海、各种灯塔航标、各种卫星通信接收站、各种遥控遥测气象观测站、公路铁路的自动信号灯等都将太阳能电池作为优选电源。

3. 民用生活的小产品。当前，太阳能电池产品种类、名目繁多，在许多方面成为消费品电源。

水果电池

器材

4个柠檬、4枚5角硬币、4枚镀锌铁钉、5根带有鳄鱼夹的导线、发光二极管、水果刀、剪刀。

步骤

①把柠檬切一个硬币大小的口子。

②把硬币插入口子里，露出一部分。

③把铁钉插入柠檬，离硬币远一点。

④其他3个柠檬同样如此操作。

⑤用导线把二极管和硬币、铁钉串联起来。

什么是可再生能源

按能源是否能够再生分类，可分为不可再生能源和可再生能源。

不可再生能源，是指在自然界中经过亿万年形成，短期内无法恢复且随着大规模开发利用，储量越来越少早晚会枯竭的能源。包括煤、原油、天然气、油页岩、核能等。

凡是可以不断得到补充或能在较短周期内再产生的能源称之为可再生能源。风能、水能、海洋能、潮汐能、太阳能和生物质能等是可再生能源。

火星未来的能源

时空记录

地点：火星基地

天气：-39℃，基地内温度 27℃

开启课堂

第二天，大家一起讨论。

小凯抢先举手说："火星上的核废料不好处理，而太阳能效率不高，易受风沙影响。所以我们综合考虑，觉得未来如果研制成功'人造太阳'，则是火星居民们很好的能源来源。"

"太阳之所以能够持续性地发光发热，跟其内部不断进行核聚变反应存在直接关系。太阳的光和热来源于氢的两个'同胞兄弟'——氘【dāo】和氚【chuān】在聚变成一个氦原子过程中释放出的能量。"

"未来，如果可控核聚变真的实现了，无限的清洁能源将会彻底解决火星的能源问题。可控核聚变的实现意味着人类将会进入一个新的纪元！"

然后是小丽发言："火星是沙漠的星球，其地形地貌形成于远古时期，其地表遍布沙丘和砾石，大量的沙尘悬浮在空气中，每年都会出现沙尘暴。"

"火星是有大气的，我们能否用风力来发电呢？"

"但是火星上的空气密度不到地球的百分之一，导致火星本身的风力并不强。发同样功率的电，火星上需要吹地球表面风速的 4.5 倍才行。但好消息是火星风速很快，我国西北地区沙尘暴速度在 28m/s 左右，而火星沙尘暴的风速可以高达 180m/s。地球上的沙尘暴和火星比起来，显然是‘小巫见大巫’。”

“不过，对于火星基地而言，风能虽然不能为火星基地提供充足的电力，但是安装轻型风力发电机，采用微风发电模式，将风能作为一种可靠的互补能源，可以让其在黑夜期保证能源的供应。”

“火星大气密度低，只能通过高风速来补偿发电量的不足。由于风剪切作用，距离地面越高，风速越大，高空的风能密度可能是低空的十倍至百倍。所以我们想利用高空的风能来发电。使用真空气球与系锚系统将风力发电机悬浮在高空中来解决火星风力发电性能不足的问题。”

“我们咨询科学家和工程师，他们认为采用这种高空风力发电的形式是可行的，为了提高火星上风能的输出功率，我们团队的成员提出了一个大胆而有趣的想法：派出无人机进行勘探，寻找风力大的位置。山谷的入口和火山口是重点勘探处。”

“另外还要考虑几个火星上的实际问题。风电机组还要面临强风暴以及尘卷风的威胁，所以其表面需要喷涂抗磨损涂层，连接处要进行密封处理以抵御沙尘的侵袭。散热以及极端低温造成的润滑问题也不容小觑。但是我们相信随着科技的进步，这些问题也许都能得到解决。”

了101秒。同时，还实现了1.6亿摄氏度的20秒持续运行。

2021年12月30日，实现了7000万摄氏度、1056秒的长脉冲高参数等离子体运行。这一新纪录标志着我国在可控核聚变研究上处于世界领先水平。

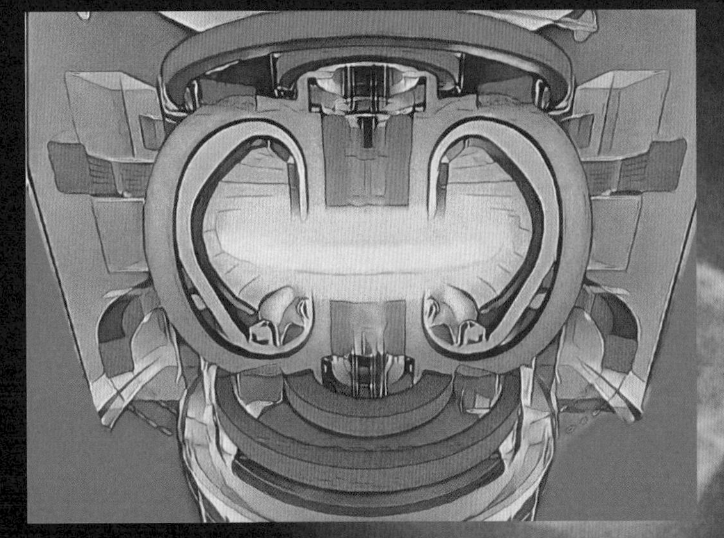

怎样高效利用太阳能

器材

厚纸板、直尺、胶带、温度计、杯子、塑料袋（黑、红、白）、其他布料。

步骤

①按照比例将纸板的三边折起来，用胶带粘好，做成没有盖子的盒子。

②在杯子里装适量的水，然后将杯子放在盒子里面，用温度计测量水的温度。

③用黑塑料袋将盒子包裹起来，将塑料布盖在盒子口上。

④将纸盒放在阳光充足的地方，5 分钟后用温度计测量水的温度。

⑤再用红、白塑料袋及其他布料将盒子包裹起来做重复实验。

人造太阳是什么？

“人造太阳”并不是真的制造出一个自然界的太阳，毕竟以人类目前的科技手段，还无法做到制造恒星。而是利用可控核聚变技术设计并且制造出超导托卡马克装置。

核能包含裂变能和聚变能两种主要形式，目前受控核裂变技术已经商用化。因为核聚变反应释放的能量比核裂变更大，所以核聚变更难控制。但相对于核裂变而言，核聚变反应不会产生长期且高水平的核辐射，而且反应产物是无放射性污染的氦，不产生核废料。由于核聚变需要极高温度，一旦某一环节出现问题，燃料温度下降，聚变反应就会自动中止，所以比较安全。

目前实现可控核聚变实用化还需要突破许多难关，其中最大的难题是如何控制和约束核聚变反应。产生核聚变需要上千万度的高温，世界上没有任何化学物质能够承受这样的高温。所以，通常有三种物理方式来约束核聚变反应：重力场约束、磁力场约束和惯性约束。

太阳上的核聚变就是靠太阳强大的万有引力提供的重力场约束，这个方法我们在火星上无法实现。托卡马克就是最著名的磁力场约束核聚变的方法。目前，世界各国主攻可控核聚变的方向都是磁约束，这也是最有希望实现可控核聚变的方向。

可控核聚变的另外一个问题是燃料问题。所以还要加强地质勘探工作，尽快探明火星上的氘储量。

基地中的“埃菲尔铁塔”（信号联络站）

时空记录

地点：火星基地

天气：–39℃，基地内温度 27℃

小凯还不想这么早睡觉，他想出去走走。刚出门，就听到一个声音喊：“小凯！”原来是小丽也想出去走走，正好碰到小凯。于是两人就一起向总控室走去。

小丽说：“郭教授，这里的网络是不是比较差啊？我给爸爸妈妈发信息，总是很久才能收到他们的回复。”

郭教授笑着说：“我们火星基地的通信网络是最先进的，你们看那边。”

顺着郭教授指的方向，只见一个高高的塔矗立在空旷的火星大地上。

“那是通信基站。在我们基地周边有 8 个类似的基站，使用最先进的通信技术。但是这些基站只能保证我们基地之间、基地和基地外的工作人员以及机器人通讯时速度很快。如果要和地球通讯，就要借助通信卫星了。”

小丽说：“我和爸爸妈妈出去露营时，在野外也打过卫星电话，速度可比这里快多了。”

郭教授微微一笑说：“不管是 5G、6G 移动通信，还是 Wi-Fi，或是卫星通信，底层原理是一样的，都是通过电磁波将调制过的信息在用户手机和基站、无线路由器、卫星间传输。电磁波的速度很快，就是光速，距离短就感觉不到延迟，但是如果距离太长，我们还是会感觉到延迟的。”

小凯和小丽点了点头。

“既然你们这么有兴趣，我就给你们好好介绍一下火星基地的通信吧！火星的通信由地面通信系统和卫星通信系统组成。我们的地面基站基本覆盖了基地周边重要的研究、矿业地区。

“我们知道火星是球形的，而电磁波不会拐弯。所以，外出的队员如果离开基地太远就会越过地平线，他们怎么和基地保持联系呢？这时就要靠卫星互联网了。

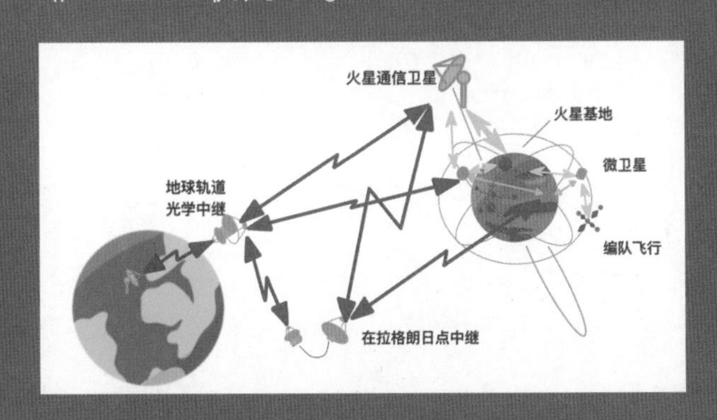

“我们现在的方案是在火星赤道上空 17000 多千米的轨道上放置一颗通讯中继卫星。卫星将在这个高度以每秒 1.45 千米的速度飞行，环绕火星一周约需 24.6 小时，这正是一个火星日的长度。这样，当火星自转时，卫星将同步运行。也就是说对地面上的观察者而言，它一点都不会移动。卫星将日夜悬在他们头顶正上方，可以支持基地与方圆近 5000 千米区域内任何人、任何物体间的通讯。”

“现在我们已经发射了几十颗卫星环绕火星，可以满足在火星上任何地方的通讯需求。但是如果要与地球联系，就要通过中继卫星传递信号。”

我们知道天体之间存在万有引力。当两个大质量天体相互绕行时，这些天体周围有五个引力平衡的位置，在这些引力最佳点较小的物体可以保持平衡，称为拉格朗日点。

通信和通信系统

广义的通信是指将信息从一地传送到另一地。从这个意义来讲，古代的飞鸽传书、烽火传递消息都属于通信。

狭义的通信只包括电信和广播电视。

通信的官方定义更加严谨一些——人与人或人与自然之间通过某种行为或媒介进行的信息交流与传递。

请注意，通信不仅限于人类之间的信息交换，也包括自然万物。

实现信息传递所需的一切技术设备和传输媒质被统称为通信系统。通信系统都经历了由简单到复杂、由有线到无线、由模拟到数字的发展历程：有线模拟通信系统——无线模拟通信系统——有线数字通信系统——无线数字通信系统。

摩尔斯电码传递信息

器材

手电、摩尔斯电码表。

步骤

①自行查找摩尔斯电码表的相关资料。

②发报员和收报员约定传递信号的规则。比如“·”是快速摁手电筒开关，“－”是长按，亮的时间明显要长。

③请裁判发放电报明文给发报方。

④开始发报。

⑤收报方解密。

⑥公布答案。

什么是中继

中继就有点像接力赛跑，由于火星和地球在不断地运动，当我们的基地转到背向地球时，就要通过我们的通信卫星中继再把信号发射到地球。火星表面的各类信息首先传输给火星通信卫星，然后由通信卫星发送到通信中继站。中继站有两类，一是位于地球轨道的光学中继，另一类是位于拉格朗日点的中继。通信中继站再传给地球上的人。

我们现在在火星轨道上发射了30余颗低轨道小卫星，坏了一个可以用其他的卫星替代。这个系统可以在火星实现数据通信、导航增强等功能，可实现全天候、全时段以及在复杂地形条件下的实时双向通信，为用户提供火星全球无缝覆盖的数据通信和综合信息服务。

50 基地中的绿化带

时空记录

地点：火星基地

天气：-45℃，基地内温度 28℃

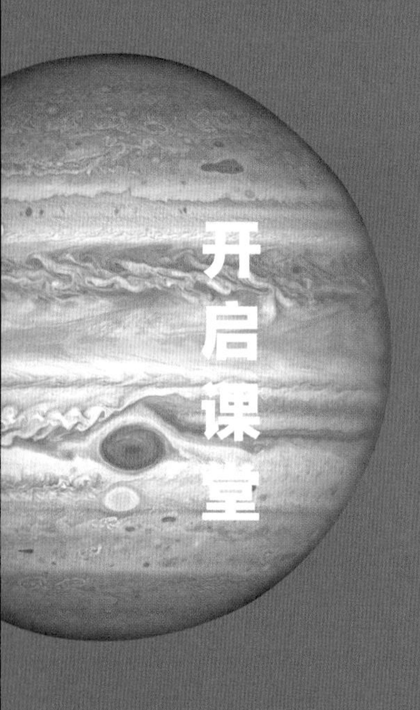

经过一天的忙碌，小凯还不想回宿舍，于是就在基地里随便走走。这时，突然看见小丽正在和小伙伴们围着一片绿色植物议论纷纷。他凑近一看，发现他们正在观察一片低矮的绿色植物。

“这是什么？”有队员问。

“我们为什么不召唤大力呢？大力！大力！”只听小丽对着空中喊道。

空中立即传来大力的声音：“小丽，什么事？”原来基地到处都有传感器连接主控中心，主控中心有一台超级计算机，可以根据情况自主判断连接呼叫双方。这既是为了方便沟通，也是为了安全。

房间内顿时有了大力的声音，并且有全息影像出现。

“大力，你看，这棵奇怪的植物是什么？”

“我来看看。”只见一个摄像头转动了一下。过了几秒大力说：“这是苔藓的一种，叫做小立碗藓。”

“像个小碗，真有意思！”队员们纷纷说。

“苔藓虽然看起来一点也不高大，但却是生态环境中不可或缺的因素。苔藓是一种很古老的植物，经历了从水生到陆生的演化历程，见证了中生代恐龙的灭绝和新生代生物的崛起。它们族群庞大，有两万多种；生命力顽强，除了海洋和温泉外，几乎遍布地球上的每个角落，甚至生长于荒漠、冻原甚至岩石上。苔藓为其他生物营造出多种多样的生存环境，其他生物也需要依赖它维持生态系统的平衡。”

“苔藓本领可大啦！苔藓无维管组织，密集生长从而形成大量吸水性较强的毛细孔隙，所以可以在土壤表面形成天然的保水屏障，防止水土流失；苔藓的叶片具有强静电吸附能力，共生在其表面的微生物具有吞噬粉尘的能力，所以苔藓植物具有吸收和消化多种有毒气体的功能；不仅如此，苔藓还能有效降低室内环境噪音，增加室内空气湿度。因为这些强大的本领，所以苔藓被称为大自然的‘拓荒者’、最佳‘环境听诊器’和天然‘空气调节器’。”

“大力！我再补充一下。苔藓的栽培无需人们费神，对环境也友好，也不占太多空间。一方面是好打理，另外一方面还可以提供氧气，而且未来还可能人工改造火星的气候。你说对不对？”小丽高兴地说。

“嗯！你补充得很好！”突然传来郭教授的声音。

大家都兴奋地喊：“郭教授好！郭教授好！”

郭教授跟大家打了招呼，继续说：“正是基于苔藓植物对生态环境友好的这一特性，基地的绿化带里基本都有种植这种神奇的小植物。我们的科研团队在进行理论研究的同时，也对其进行深入的实用性研究，让这些平日很少有人关注的小植物发挥出更大的作用。”

“有的苔藓在生长的过程中能不断地分泌酸性物质，促使土壤分化，年深日久之后便可以为其他高等植物创造土壤条件。”

“苔藓这一植物界的‘拓荒者’在生态修复方面的巨大应用前景也正在逐步释放，已经吸引了生态环保界的高度重视。我们的研究团队正在建立组织培养方法和苔藓植物工厂，探索扩大种植和维护恢复的方案，为苔藓应用于生态修复提供理论和技术指导。但是在火星上的研究才起步，还需要科研团队为此做出进一步的努力。”

“哇！想不到小小的苔藓这么神奇啊！”队员们纷纷感叹道。

“教授，我听说科学家们还在开发苔藓的更多功能，未来它们甚至能入药，对吗？”

小凯侧过身用期待的眼神望着小丽，希望她接着往下说。

“呵呵！真不能小瞧你们啊！的确，一队年轻的科学家正在研发可以栽培在火星的苔藓。他们的目标是创造出能入药和能在火星严苛的环境中生存的苔藓。

“刚才说苔藓有两万多种，其中有很多具有很特殊的功能。比如一种叫做小立碗藓的，尤其受到基因工程师们的喜爱。他们通过将其基因替换成能产生特定化合物或者具有某种特性的基因，大量制造各种化合物。现在已经可以利用苔藓生产治疗皮肤癌的药物，治疗眼部黄斑变性的药物，还可以制造香水和人工甜味剂。”

“现在正在攻关的是研发一种能够忍受低温和贫瘠土壤的苔藓，已经取得了初步的成果。新品种的苔藓在零下二十摄氏度的冰柜中繁荣生长，寿命比它所有的地球同伴都长。”

“但火星上的平均温度是零下五十五摄氏度呀！”小丽很快地说。

“是啊！所以还需要我们共同努力啊！你们有什么奇思妙想也可以随时与我们的科学家联系。”

郭教授满怀笑意，语重心长地说：“我们现在只是迈出了万里长征的第一步，但是我相信我们终将慢慢改变这颗红色星球，实现人与自然的和谐共生。”

郭教授告诉大家明天可以休息一天，准备带领大家去购物中心，所有的小伙伴都开心地叫了起来。

科学情报

基因，也称为遗传因子，是指具有遗传效应的 DNA 片段。

基因支撑着生命的基本构造和性能，储存着生命的血型、种族、孕育、生长、凋亡等过程的全部信息，也就是说生物体的生、长、衰、病、老、死等一切生命现象都与基因有关。

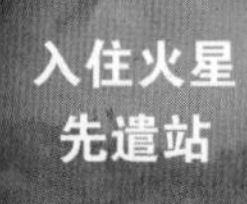

种植苔藓

器材

花盆、带盖玻璃瓶、苔藓、石子、土、纸巾、塑料袋、钻孔器（锥子或者电钻）。

如何获得苔藓

可以到树林、竹林、石板路的缝隙采集。苔藓非常容易携带，可用自封袋或者塑料袋包装，能够保存两天。如果时间长，可用打湿的纸巾把整块苔藓包上，放进盒子里防止挤坏，纸巾干了就再打湿。注意：一定要保留部分原土。

种植步骤

①选择器皿。玻璃容器较为适合，一般带盖的瓶子即可。

②铺石子。在底部铺一层石子作为疏水层，把瓶底多余的水和上面的土壤隔开。

③铺土。注意土要干净，不干净的话容易发霉。

④种苔藓。把苔藓背面土层的凹坑用细土填满，再喷湿。

⑤喷水。把瓶壁上粘的土粒喷下去，再让底土完全湿润。

养护方法

①土壤不能过于板结或者过粘。

②温度控制在25℃左右比较好，太高或者太低都会影响苔藓的存活。

③适量浇水，苔藓虽然喜欢在潮湿的环境下生长，但是也害怕积水。应避免使用硬水，以防苔藓死亡。

④冬天可以有温和阳光照射。晒晒太阳，苔藓的长势会加速。夏天避免阳光暴晒。

⑤可以不用施肥，如果养鱼，可以偶尔喷喷鱼缸水，里面微弱的肥料对苔藓正合适。

51 基地中的购物中心

时空记录

地点：购物中心

天气：-48℃，基地内温度 26℃

第二天，大家都早早地在基地大厅等待。等待时，大家议论纷纷，想象购物中心有哪些东西。

郭教授神秘地说："购物中心虽然商品不多，但是我保证大家去了一定会流连忘返，不想走。"

10 分钟之后，大家就来到了购物中心的地下停车场。

"我介绍一下。考虑到火星上的辐射，购物中心是依山建立的，大部分建筑都处于山里面，是在悬崖的岩石中挖掘出来的。只有空中瀑布和部分绿植区的一面墙壁是在山外面，这样便于采光。整个建筑为 6 层，总面积为 37650 平方米。最下 1 层是停车场。可以通过电梯或者楼梯到达各层。"郭教授面向大家说道。

进入一楼大厅首先看到的就是城市花园，里面有水系和水生动物，旨在提供有利于身体健康的空间。

城市花园上部有一部分是透明的，可以欣赏到火星的风景。穹顶有大型顶棚，悬崖开凿出来的材料被覆盖在这种顶棚上，保护其免受外部辐射。

说话间，一行人已经乘坐电梯到了一楼，电梯门刚刚打开，就传来了

巨大的水流声。映入众人眼帘的就是一个巨大的从空中而降的瀑布，旁边布满了高高矮矮的植物。

空气里飘满水气和植物的清香，每个人都觉得脸上一阵清凉。小凯不由得深吸了好几口气。

“哇！这里的空气好好闻啊！”小伙伴们都开心地笑了。

郭教授问小丽：“这个购物中心怎么样？”

“哇！太美啦！完全超乎想象！”小丽开心地说。

郭教授说：“这里的水取自地下暗河，从顶部流下，建成水上运动区，然后一部分顺着管道流入火星基地。这里有导购台，有什么不清楚的都可以问。”

“你们好！请问有什么需要帮助的吗？”一个长得和美美很像的机器人与众人打招呼。

郭教授有礼貌地说：“我们先看看，谢谢！我带你们一层一层的看下，然后咱们分头行动。”

这里虽说是购物中心，但零售商店只占一小部分，休闲娱乐设施更多。

二楼是数字化购物中心。智能扫描仪会分析消费者的购买信息，并基于此提供个性化的购物选择。APP、小程序、智能机器人、智能购物墙、智能更衣室等智慧新零售的体验玩法层出不穷。这里还有火星独特的纪念品，建议你们抽空去逛逛。

三楼有书店和阅览室，消费者可以阅读世界上出版过的每一本书，还有博物馆、摄影艺术中心、购物艺术馆等。

四楼有虚拟太空旅游，体验身临其境的旅游感受，还有云顶演艺吧、餐厅、咖啡厅。这里也是零售商的展示场所，从手工艺人的手工艺品到常驻艺术家的作品，其作品背后的创作过程都将呈现给大家，也可以自己动手体验。

“到五楼了！”小伙伴都惊声尖叫起来。一个偌大的滑雪场呈现在众人眼前。

“在火星上滑雪比地球更刺激，很多高难度动作都可以轻松做出，你们可以体验一下。旁边还有 1 个室内无限运动馆，包括攀岩、击剑、天空篮球场等。”

“然后说下怎么使用积分。你们每位的生物学信息已经存储在基地中心电脑，这里的电脑和中心电脑是联网的。需要付费时，你们可以采用三种方式：声音、指纹、手机。”

“下面就让大力带你们去玩，我去四楼的咖啡厅。今天的晚餐你们是想回基地吃，还是在这里吃啊？”

“这里还有餐厅啊？”

“是的，太多了！比如川菜、粤菜、淮扬菜、各地小吃、西餐等等。”

“那我们在这里吃！”小伙伴们一起说。

郭教授笑笑：“就猜到你们会这么说。20:00 在一楼的导购台集合。如果与同伴走散了，也没有关系，这里到处都是智能监控设备，你们只要对着设备说找谁，它可以立即告诉你们。”

“噢！谢谢郭教授！我们去玩了！”小凯和小伙伴们一阵风一样的跑开了。大力则不紧不慢地跟着他们。

科学情报

太空辐射对宇航员的健康危害是人类执行深空任务最重要的风险之一。在地球上，太空辐射会被地球磁场偏转到地球的两极，磁场也保护了地球的大气层不被太阳风刮走。正是这种大气层保护着我们免受穿过磁场的任何宇宙辐射危害，因为这些粒子在到达地面之前会撞击大气中的粒子。

火星没有磁层，大气层也非常稀薄，这意味着火星表面的保护是很小的，所以科学家们要合理地设计航天器和宇航服来保护宇航员。

绿色屋顶

器材

鞋盒、土壤、绿植、温度计、红外灯、计时器、剪刀、胶水、彩笔、白纸、保鲜膜。

步骤

①把带盖子的鞋盒装满土壤。

②栽种绿色植物。

③利用温度计、红外灯、计时器检测“绿色屋顶”的实际效果。

注意

①要尽量采用当地物种，宜选择姿态优美、矮小、浅根、抗风力强的植物。

②要考虑土的厚度，植物最大种植规格。

③要考虑到屋顶排水。

④防止植物根系穿刺。

火星购物中心怎么样

在繁忙的工作之余，人们都感觉需要一个可以好好购物休闲放松的地方。随着个人的精神需求不断提高，兴趣爱好日趋多元化，人们不再满足于在商场里来去匆匆的买单式目的性消费。于是，我们邀请来自火星和地球上的专家小组设计了购物中心。小组内包括建筑师、航天专家、地质专家、社会学家、心理学家、人类学家、文化心理学家、地理学家、零售业专家、实验生理学专家、时尚科技创新者、厨师、理疗师等各行业精英，他们发挥所长，耐心倾听在火星工作的各位成员的意见，为消费者呈现了最具创意的火星购物中心。读者朋友，你们也可以提出意见以便我们在以后改进。

基地中的中医院

时空记录

地点：医疗中心

天气：-46℃，基地内温度 25℃

今天好好地玩了一天，滑雪、攀岩、打游戏、看电影，小凯都尝试了，别提多过瘾了。晚餐又在四楼的餐厅吃了好多小吃，临走时还买了两支冰淇淋，别提多爽了！

小凯给爸爸妈妈发邮件告诉了他们今天去购物中心的过程。

回到宿舍，还睡不着，几个小伙伴就聚在餐厅里聊天，热烈地议论今天的快乐之旅。

突然小凯感觉到肚子疼，身上还有一阵阵的寒气。他开始还想忍一忍，没想到越来越疼，已经受不了了。

“哎呀！哎呀！”

“小凯，你怎么啦？”

“我肚子疼。”

小丽听到了，但不知如何是好，突然有个学员说：“郭教授说，紧急情况立即喊大力。”于是大家一起喊：“大力！大力！”

餐厅的麦克风里立即传来了大力的声音：“小凯，我已经看到你的情况了。你别着急，我立即通知医生过去。其他队员请先陪伴小凯一会儿。”

这时，豆大的汗珠已经从小凯的额头渗出，小凯轻轻地说："大力，我能坚持住！"小丽拿毛巾给他擦了擦汗水，然后坐在他旁边。

"小凯，你怎么样？哪里不舒服？！"十分钟左右，一位医生带着一个机器人一起来了。医生问了之前做过什么，吃过什么，同时机器人用一个他们没见过的传感器对着小凯从上到下扫描了一遍。

大家紧张地在一旁观看，谁也没出声。一会儿，郭教授、高教授和大力也到了。

医生说："初步判断是受凉了，而且他又吃了大量生冷食物引起了消化不良。"

"那怎么治疗呢？"

"他的体质很好，只要调理一下很快就能恢复。我先给他进行简单的

针灸止痛，然后注意保暖，好好休息就可以了。”

“噢！”听到医生这样说，郭教授才放下心来。

现在，小凯的脸色好多了。但是为了保险起见，医生还是建议小凯今晚到医疗中心住院观察一天。

于是，小凯被送往基地的医疗中心。小伙伴们想来却被郭教授劝阻了。医疗中心不是很大，但是有很多仪器。小凯躺在病床上，大腿外侧穿戴了生理信号测试盒和心电记录装置，它们只有烟盒大小，可实时检测心电、呼吸、体温等生理指标并上传。过了一会儿，一个机器人送来了一杯深色的药让小凯喝下。喝过之后，小凯觉得不那么冷了。

然后小凯接受了一次开箱穴位刺激，感觉好多了。

这会还睡不着，小凯就说：“郭教授、高教授！这里有医生，还有机器人，他们可以照顾我，你们早点回去休息吧！”

高教授对郭教授说：“今晚我在这里陪小凯，你先回去吧。”

“高教授！”

“别说了，就这样定。”

小凯也不坚持了，郭教授看了看小凯也就回去了。

“高教授，刚刚机器人拿的仪器是什么啊？我以前从没见过。”

“那是中医四诊仪，上面有传感器，可以通过望、闻、切的手段，结合‘面诊、舌诊、脉诊’的数据库来诊

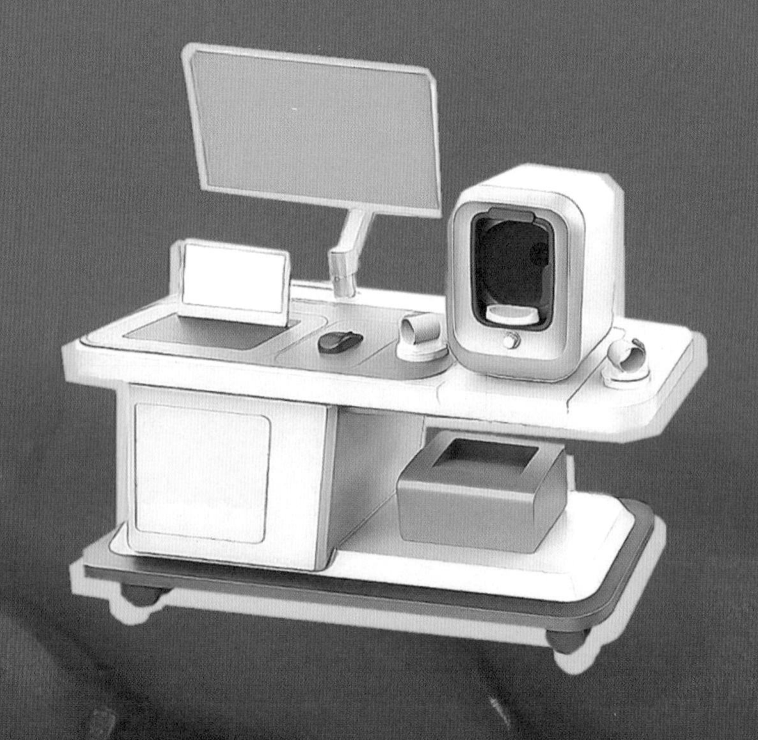

断病情。”

“噢！我在学校学过，望闻问切是中医的诊断方法。”

“对的。中医四诊仪可以完成望、闻、切的诊断，医生再结合提问就可以做具体的诊断了。

“高教授，我刚才喝的是不是中药啊？”

“是的。火星基地医疗中心采用中西医结合的方式治疗。这里除了有西药，也有中药。中药大多都是植物，因此我们也在火星上进行种植，很多中药都可以自主生产了，无需从地球上运输药材。”

说着说着，小凯就睡着了。高教授帮他把被子盖好。

科学情报

早在 2021 年，神舟十二号上天时，空间站里就开始启用中医四诊仪。它通过望、闻、切的手段收集航天员健康信息，再由地面医保人员进行分析判断，建立基于中医的航天员健康状态评估方法，为航天员的身体健康保驾护航。

外出勘探

时空记录

地点：火星表面、勘探基地

天气：–39℃

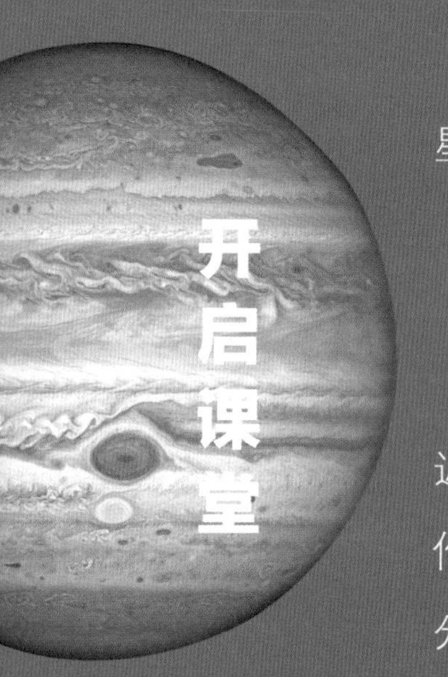

经过几次火星户外行走练习之后，所有队员都掌握了火星表面漫步的技术。今天是正式外出勘探的日子。

一大早，队员们就来到了地下车库的集合地点。

郭教授和高教授已经早早地在这里等待大家了。

等所有人到齐之后，郭教授说：“我们今天要到一个最近的火星溶洞考察，离这里大约有 100 公里。每个人对照工作手册再次检查一遍装备。”所有队员检查确认无误后大家分批进入了四辆火星漫游车。

郭教授的声音通过无线电传来：“火星漫游车密封良好，内部是加压的，乘客在火星车内可以直接呼吸而不用穿户外宇航服，既有手动模式，也可以切换到自动驾驶。另外还可以作为临时居住舱，每辆车的储备够 8 人生活 7 天。”

“出发！”郭教授一声令下。

车队驶进气闸舱，然后舱门打开。

目光所及，尽是红色的沙子，远处是一座很高的山。仰望天空，太阳没有地球上看到的那么大。车队后面留下一列列车辙，空气中飘浮着红色的尘土，太阳光呈现出粉红色，看起来有些陌生。

外面寂静得可怕，除了车队之外看不到任何活动的物体。其他人都在兴奋地看着窗外，小凯却突然感觉有点孤单。他想念那个有人、有房子的行星。第一次那么深刻地感觉那里的小草、红花、叽叽喳喳的小鸟、司空见惯的水、看不见摸不着的空气、飘动的白云、奔流不息的江河，更不要说亲爱的爸爸妈妈了——一切都是那么可爱迷人。

“除了地球，人类再也找不到第二个家园了。”小凯似乎有些伤感，小丽也跟着沉默起来。

郭教授的声音又一次响起：“车辆在火星上行驶会遇到不少危险，颠簸是难免的，更可怕的是悬崖、暗坑和流沙。虽然我们有无人车在前面开路，但是毕竟视野有限。为了安全，我们等会儿要在第一个户外站停留一会儿，带上一个大飞艇，让飞艇在前方开路。”

果然，不一会儿，小凯就看见远方的空中飘浮着一个有十几层楼那么高的椭圆飞艇。

“它的‘大肚子’里充的是氢气吗？”小凯问小丽。

小丽说：“我查阅过相关资料。地球上的飞艇最初充的是氢气，但氢气很容易着火，存在安全隐患。因此，现在常用的飞艇里充的是氦气。”

“我认为火星上应该使用氢气。火星大气里大部分是二氧化碳，氢气在这里是点不着的。而且氢气密度比氦气更小。”小凯说。

小丽摇摇头，说：“火星大气密度太小，氢气飞艇在这里也很难飞起来，即使飞起来，载重量也太小。”

“那这艘飞艇里充的是什么？”小凯不解地问。

“你猜猜。”小丽笑着说。

“还有比氢气更轻的吗？应该没有吧。”小凯挠了挠后脑勺。

“告诉你吧，它里面没有气体，是真空的。”

“真空？那怎么没被压扁呢？”

小丽笑盈盈地说：“飞艇使用了特殊材料来维持壳体的刚性结构。要是在地球上用这种真空结构会被大气压给压瘪的。但在火星上，由于大气压力很小，不会存在这个问题。我在介绍漂浮式风力机时就研究过这个问题。”

这时，郭教授说：“我来给你们介绍一下飞艇。我们飞艇前后长 100 米，高 30 米，机翼总长 120 米。为了提高载重量，艇壳采用了特殊的刚性材料，内部为真空。每个翼尖上和吊舱下有一个涡轮螺桨发动机。吊舱整体密封，分为座舱、厨房、卫生间。吊舱两侧安装有窗子，周身装有多个传感器和摄像头，可以手动控制，也可以自动飞行。有它在天上给我们指路，就安全多了。如果遇到复杂地形，还可以放出无人机到近处勘察。”

小凯对小丽说：“要是从飞艇上看火星，一定很壮观！”

还没有等小丽回答，郭教授的声音又响起：“因为火星大气太稀薄，所以飞艇载重量有限。我们还是要乘坐火星车去目的地。”

从小凯那个位置的窗户朝外看，小路、土堆在平原橘红色表面的映衬下全都呈现着深红色，中间有一颗镶着玻璃的亮晶晶的宝石，在圆拱顶之下能够清晰地看到一片葱绿。

有一两个小时可以看到平线上的大裂谷，像一条巨龙蜿蜒向远方。远方是一片黄色的高地突出地面，下层的基岩皱皱巴巴，旁边分布着大大小小的陨石坑。

在车上吃过午饭之后，大家终于抵达了目的地。

在他们周围，躺着数百个小坑和一个巨大洞口，旁边的地面上覆盖着闪着琥珀色光的神秘物质。附近的一个圆顶山俯瞰着崎岖的地面。山脚坐落着十几个圆顶形的建筑，旁边矗立着几个大的机械。另外一边则停着十多辆火星漫游车，高空飘着两个大飞艇。

郭教授说：“我们即将抵达本次考察的火山溶洞。经过初步勘探，这个火山溶洞长约 10 公里，有 3 条支路，最深处在地面下 50 米。我们已经在这里建立了一个考察站进行长期考察，由王教授负责。我来的时候已经和王教授联系过了，这会儿他们正在洞内考察。我们等会儿也进洞进行勘探。”

同时，火星车内的大屏幕上出现了一个溶洞的结构图。

“所有人注意！穿好舱外宇航服，队长检查。确认无误后向我报告。”汇报过后，郭教授下令：“全体注意！下车，列队前进。”

郭教授走在队伍最前面，所有队员排成一列跟在他后面，高教授走在最后。在他们的脚下是一条依稀可辨的够两人并肩走的小道，向前方继续延伸到一座圆顶的山。虽然穿着厚重的舱外宇航服，但是小凯不觉得重，走起来反而很轻松。随着脚步，灰尘不断地被带起来，又直直落下。

经过圆顶建筑群后，走到路的尽头向右拐，不一会儿就来到了一个大大的洞口。洞口依稀能看见嶙峋的怪石，再往里面就看不清了。

耳机里响起郭教授的声音：“我们今天先考察主通道。每个人再次检查装备，然后打开头灯。虽然我们已经勘探过多次，但大家还是要小心。尤其要当心脚下，沙石地面很容易打滑。”

火山熔岩洞全长 9 公里多，高矮不同，高的地方有 5 层楼那么高，低的地方需弯腰而过。

大家虽然都经过了严格的体能训练，但是在洞内行走仍然十分耗费体力，于是按照小组顺序坐在地上休息。过了一会儿，大家都开始采集标本了。

科学情报

小知识

太空的微重力、真空、无菌等条件可以为生产某些特殊产品提供绝佳的环境。

比如制药。在失重的条件下，液体中会有很多气泡，从而使微生物不容易沉淀，减少死亡，提高培养质量。而且，科学家发现许多微生物在太空的生长速度要比在地面快一倍以上，所以太空工厂制造的药品纯度更高，速度更快。

又比如，早在 1985 年，科学家们在太空制造了数十亿颗直径只有 10 微米的聚苯乙烯微珠，它们的形状和尺寸完全一致。在地面很难生产出来这样均一的产品。

再比如，铅铝合金是制造航天航空器材所必需的材料。由于地球重力的作用，在熔化这两种金属时铅容易沉到底部，而铝浮在上面。这就导致合金不符合要求。而在太空微重力状态下，生产这两种金属就不会因为密度不同而分成上下两层了。

54 基地中的研发中心

时空记录

地点：火星基地

天气：-42℃，基地内温度 26℃

吃过早饭，又过了一会儿才到上课时间。小凯已经准时坐在大屏幕前面了。

“大家好！欢迎来到基地的研发中心。研发中心占地面积超 1246 平方米，包括 33 间实验室，另外还有 16700 平方米外围实验区在基地外面，开火星车大约要 30 分钟。这些区域内有升空试验场地、太阳能发电站、试验平台等。我们今天将了解一下研发中心的研究项目，你们留心学习，后面可以加入自己感兴趣的小组。”郭教授为大家介绍说。

“实验柜是开展实（试）验任务的主要支持设施。每个实验柜都是某一个专业学科或研究领域的实验研究平台，可以满足不同学科不同领域科学实（试）验的开展需求。研发中心共布置了 63 个实验柜，支持天文、地质、化学、建筑学、生命科学与生物技术、微重力基础物理、材料科学、航天医学等 11 个学科方向，30 余个研究主题的数百项科学研究与应用项目。

“比如火星地质学除了研究火星地质状况，还有一项重要任务：探测水。火星气象学预测火星天气，重点是预报沙尘暴。火星化学，研究火星

大气、土壤内部的化学性质，并且为很多学科提供支持。火星医学，重点研究辐射防护、低重力人体变化。火星农业研究农业新技术以便满足更多人口的吃饭问题。”

“还有一大堆其他方面的需要攻克的难题。比如特殊地下空间生态城市探索构想；火星土壤的去毒处理；火星钻探工程；火星的植物种植技术；风电系统；交通系统等等。”

“大家可以自己看看，遇到不明白的问我或者大力都可以。”

“这几天大家对火星基地也熟悉了，后面我们将采取项目式的学习方法。我只负责提出一个主题，你们讨论完成。至于其中不懂的知识可以问我、问大力，也可以查阅我们的电脑资料库。你们开拓思路，不要被束缚，在这里无论多奇特的想法都值得鼓励！”

这时，小凯想起在洞内捡到的几个岩石样本，于是就去找自己的宇航服。当他拿出石头时，发现宇航服的腿部有点褐色的东西粘在上面。宇航服已经被清理过，不仔细看还真难以发现。

“这是什么？”小凯用手指搓了搓，感觉黏黏的。

胖球也凑近看了看，说：“有点像地衣。但是怎么会在你的宇航服上？”

“是啊！奇怪！宇航服只在室外穿，以前也从来没见过有这种东西。难道是昨天我跌到洞里粘上的？如果是这样，那是个重大发现。胖球，走，找高教授去！”

小凯飞快地来到高教授的办公室，然后把发现告诉了高教授。

“我好好看看……”高教授仔细观察起来。“这是个了不起的发现。让郭教授也看看。”

郭教授看过后，也十分惊奇：“小凯，这很可能是一种生物。如果的确是在洞里发现的，那么这就是火星生物。我立即联系王教授，让王教授加派人手继续勘探，争取拿到更多的样本。”

经过王教授一周的勘探，结果非常振奋人心！

上次勘探时小凯跌到一个不大的洞里，所幸没有受伤。后来王教授团队经过勘探发现，虽然洞口窄，但是里面越来越宽阔，洞壁上的确生活着一种类似地球上地衣的生物。这种生物会利用岩石中无机化合物的氧化还原反应，取得生活所需的能量。在这个过程中，岩石的成分会产生改变，使岩石看起来好像被“吃”掉一样，造成岩石的风化现象。火星的洞穴能够避免致命的宇宙辐射和猛烈的沙尘暴，而且洞穴是密封的，因此拥有更稳定的温度、气体环境。当机器人进入之后，发现洞口有不少“地衣”已经死亡了。因此，他们又把洞口暂时封闭起来，等增加了活动的密封门之后，再进行考察。

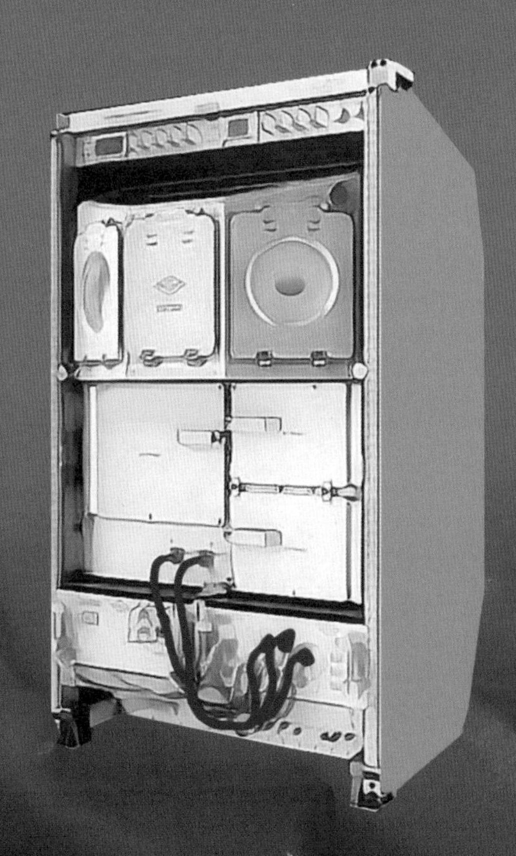

小凯知道后立即要求：“高教授！我想跟着研究团队一起研究这种神奇的生物。我有个预感，这种生物可能是我们改造火星大气的秘密武器。”

小凯解释说：“根据地球生命的演化史，地球的原始大气最初也是以二氧化碳为主，但通过海中微生物在无氧环境中的不断努力，地球大气层逐渐增厚，氧气逐

渐增多。”

“所以你们打算模仿地球大气的演化史，让这种生物在沙海中改造火星的大气？”高教授若有所思地问。

“这个想法很新奇！我们的科学家团队也有此想法，但是现阶段还有不少问题需要解决。它要求的最低大气含水量为0.03%，但是火星绝大多数地方的大气含水量在0.01%。所以，地衣无法直接生活在裸露的火星地表。这也是洞口被打开之后，有些地衣死亡的原因，所以还需要进行深入的研究。可能失败，而且时间也很长。”

“我不害怕失败！即使我回到地球了，我也可以接着研究。”

高教授略微沉思了一会儿：“好吧！欢迎你加入！”

接下来的日子里，小凯跟着研究团队昼夜不停地做着实验，实验室里塞满了各种样本。他每天不断地调配、混合着各种化学药品，操作仪器切片、观察。

科学情报

我们为什么需要太空实验室?

1. 太空有着微重力、强辐射、高真空等不同于地球表面的特殊条件，在这种环境下很多实验都会得出与地球上不同的结果，从而有可能发现一些新的物质规律。另一方面，还可以发展一些新的技术，包括清洁能源技术、生物技术、医疗技术等。

2. 在一定的轨道高度上，方便开展天文观测和地球观测。

3. 通过天地往返把实验样品带回来，可以在地面上对样品进行长期研究，取得新的发现。

魔法镜

器材

平面镜2个、卡纸若干、泡棉小熊、双面胶。

步骤

①把平面镜粘贴在有折痕的纸卡的两边，注意镜面不能压住纸卡的折痕。

②把平面镜垂直放置在画有放射线条的纸卡前面，观察现象。

③在平面镜前放上泡棉小熊，弯折纸卡，观察现象。

④再缩小纸卡的角度，观察现象。

现象

可以在平面镜里看到多个小熊影像，随着卡纸角度的变化，平面镜中小熊影像的数量也会发生变化。

原理

光射到平面镜时，会发生反射。遵循光的反射定律，反射角等于入射角；反射的光进入人的眼睛时，人就可以在镜中看到物体的像。

当光在两面镜子间多次反射时，人就可以在镜中看到多个像，两面镜子的夹角越小，反射的次数越多，就能看到越多的像。

当两面镜子正对平行时，光在两面镜子间无限反射，就可以看到无限的像。

未来火星城市

人类在火星上建立多个火星城市，这些城市之间是彼此连接的，同时，每个城市大约可以容纳 25 万人左右。只不过，这些城市并不是完全建立在火星的表面，其中生活设施大部分建立在火星的地表之下，也就是“地下城”，以此来抵御太空辐射和火星上的各种灾害。

设计未来火星城市

时空记录

地点：火星基地

天气：–42℃，基地内温度 26℃

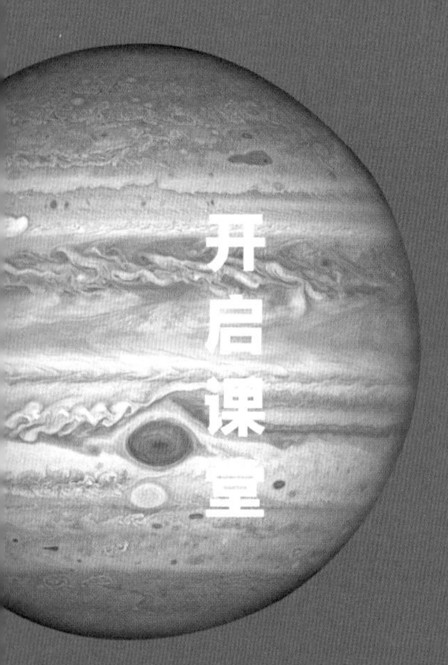

外出勘探回来后，小丽、小羽、小玲共同做了一份未来火星城市的设计方案。今天是正式提交并讨论的日子。

小丽首先发言：“未来火星城市大部分位于地下。这样做有三个好处：首先，很容易解决保温的问题，相比火星地表的极端冷热气候，地下城可以提供更为舒适的居住环境。

“其次，位于地下使地下城市具有更强的防护性能。地下城位于地面以下的地层中，天然的防护层可以帮助人类躲避致命的宇宙射线或核辐射，也避免陨石、空气冲击波等外来物的撞击。

“另外，地下城更加节约资源。一方面可以发挥出土地的最大使用效率，缓解城市用地紧张；另外由于地下的温度波动小，所以不需要反复制热或制冷，从而节省大量能源。”

然后，小丽展示了一张地下城的效果图。仔细看过图后，高教授和郭教授也频频点头。

“大家请看，第一层是绿植区和垂直农场，采用阳光和加强 LED 光源。一层中央有 5.76 万平方米的玻璃‘地板’，光线可以由此射入地下。

“第二层到第五层是住宅区和办公区。中庭是空的，可以让来自上方的阳光一直照射到下面。

“第六层是商业区，主要包括购物中心、餐饮中心、文娱活动中心和保健中心，店铺总数 569 个。这里有青翠的绿植大道和大厅式广场，街内设有宽大的人行道。第七层是宽广的停车场，可以容纳 5500 多辆车。

“地下街区用层间天井扩大净空高度，采用直通地面的天井直接引入阳光。另外还把阳光通过透镜和反射镜引入地下的街道、楼房和商店。透镜和反射镜由电脑自动调节角度照进楼内，使地下呈现一片光明。

“再往下面一层即是基础设施区。它与上层隔离，包括制氧、充压、仓储、供暖、污水处理和废物回收等设施区。

“地下二氧化碳存储和再利用装置包括二氧化碳封存系统、二氧化碳转化甲烷系统、甲烷采出系统、中央处理器。反应原料存储仓中存储有乙酸，地下反应库的装置里投放有互营单胞菌、嗜热甲烷杆菌、甲烷绳菌、甲烷杆菌和甲烷囊菌等微生物，这些微生物和乙酸把二氧化碳转化为甲烷。

“住宅里产生的所有废物、排泄物和其他垃圾都会进入废物回收系统。水将进入循环系统，分离出来的固体将被压制成营养饼后送往蔬菜大棚。

“地下建筑设有空气循环系统保证充足新鲜的空气。地面上的植物产生的氧气可以送入地下层，地下层的污浊空气可以排到绿植区和农场，不够的由机器制取。每个房间有单独可控的气体净化循环装置开关，空调系

统也可以独立调节。

“发电站和生产区在 5 公里远的地方，可以通过地下通道抵达。

“中心区地面为步行街区，除了服务和警务车辆外，没有其他机动车辆。地下公共通道宽大，总共有 158 座电梯、31 座扶梯和 36 部楼梯，满足通行人员的需求。

“住宅区、商业区、办公区由建筑学家采用城市生态学和园林规划的原理，运用现代的科技手段利用一切位置种植植物，创建了具有园林色彩的地下城市，‘绿地’、‘庭园’等随处可见。

“地下城市的设计风格别具韵味，街道不是笔直的大道，而是采用‘移步换景’的园林式手法设计，街道纵横交错，曲折有致。路心有花圃，店前有树木，交汇处有群雕，拐角有喷泉，甚至有小桥流水、飞泉瀑布等园林小景。

“通过光电技术与建筑艺术的综合使用，配以巨幅立体风景画产生完美的效果使人身临其境，往往有‘山重水复疑无路，柳暗花明又一村’的奇妙感觉。

“地下城市是高度舒适化、智慧化的。住在电子化住宅中，人们可以享受信息化、电气化的智能型建筑带来的便利。室内配有各种现代化设施，办公人员可以使用电子手段来进行文字和数据处理，可以通过可视电话与任何地方进行通话。

“居民们无需出门就能进行信息交流、网上订餐、网上购物。运用电视医疗系统，病人在家就可以得到治疗保健。”

小丽稍稍停顿的间歇，小凯举手提问了：“那么这么大的建筑群，如何防灾呢？”高教授点了点头望向小丽。

小丽微微一笑：“小凯问了一个很关键的问题。关于这一点，我们也已经仔细考虑过了。

“地下城有完善的防灾系统，总共安装了 88000 个‘烟火感知器’和 13000 个智能摄像头，随时监控着任何一个角落。火灾感知器能觉察着火的各个阶段并发出信号。报警器报警后，地下城能自动切断电源，启动备用电源，其间的几十秒时间由蓄电池自动点亮备用照明系统以保证安全。备用广播系统向人们报告出事地点、灾情变化并指示疏散方向。特殊电缆系统可在断电后向城市报警。智能通风系统会打开相应部位的通风系统，疏散人员。救火机器人会第一时间赶到现场救护伤员和灭火。

“地下城采用了耐震的建筑构造。电力和制氧装置都有冗余备份，如果遇到地震损坏，会立即启用备用装置。为了安全，地下城经常开展安全演习以提高人们防灾的意识和能力。”

这时，有一位同学举手提问：“小丽，我听你说未来火星城是坐落在地下的，可是你的效果图上方却有蓝天白云，是什么原因呢？”

小丽说：“这个问题请我们小组的小玲回答。”小玲站起来说：“火星基地好是好，但是感觉和地球还是有很大差别，比如看不到天空。于是我们咨询了高教授和多位科学家，设想建造一个‘人造天空’。”

“人造天空？”队员们听到了，都用疑惑的眼神望着小玲。

“短时间在密闭空间里生活工作还可以，但是长期住在这样的环境下，容易积累较大压力。虽然我们都经历过专业训练，但是也希望能住在一个像地球一样的环境里。作为火星建筑师，需要有人文关怀精神、环保和可

持续发展意识。于是，我们利用现有的技术以及不久的将来可能应用的新科技设计了‘人造天空’来模拟地球上的天空。”

队员们一听就开心了，“太棒了！你能给我们详细讲讲吗？”

“好的。我们都知道，火星地表气压极低，风沙大，所以我们的很多建筑都建立在地下。即使建在地上，表面也要做好防护，这就导致我们很难看到天空。我们的科学家就想研发出模拟地球天空的技术，让我们即使在建筑内也能看到天空。”

小玲在大屏幕上给大家展示了一张效果图，大家看了都露出羡慕的表情。“那么材料呢？”小凯问。

“嗯！材料是关键！大家请看！”小玲拿起了一片透明材料递给大家，大家互相传递着看。小凯拿在手里发现这种材料透明度很高，很软，可以任意弯折。

小玲说：“这是科学家们新发明的一种材料，看起来是透明的，内部却有电路，通电后就可以发光。发光颜色包括红、蓝、绿和白，形成全光谱。

“我们计划模拟最真实的地球天气环境，其中最难的是模拟多云天气自然光照强度的明暗变化。我们研究人员正在与地球总部一起研究白云飘过时光谱如何变化以及变化速度。我们可以模拟这种照明动态变化，而人眼无法察觉这些变化，不会令办公室工作人员分心。相反，这种动态照明有助于人们集中注意力，提高警觉性。初步研究结果显示，人造天空的动态照明令人心情愉悦，工作效率更高。

“你们应该也发现了，这种材料很软。这就是它很特殊的性质之一，可以被做成任意的形状，也可以拼接。现在最大可以制成 15 厘米、宽 15 厘米的方块，我们希望能制作得更大。另外有个缺点就是受到火星辐射的影响，这种材料的使用寿命不太长，科学家们正在研究如何延长其使用寿命。

“等到可以进入实用阶段后，你们就会发现，不论是地上还是地下，天花板被一幅偌大的天幕覆盖，配合电脑控制的效果，可以逼真地营造出蓝天下白云飘的效果，营造令人愉悦的环境。”

然后，小羽站了起来：“大家好！虽然大家都在一个巨大的密封体内，工作之余丰富的娱乐生活也必不可少。这是感官花园，在这里可以很好地放松心情。”大屏幕上出现了一幅幅自然的画面。

“这里有鸟叫！好好听啊！但是怎么没看到鸟呢？”

“那不是真的鸟，因为考虑到安全，火星城市里没有鸟。这是人工智能模拟的。”小羽回答。

小羽播放下一画面：“这边是水培农场，消费者可直接在农场里选择食品原料去加工。除农场外，围绕购物中心的水路系统不仅是步行道路的替代，还可以引导消费者进入虚拟现实主题公园。”

“虚拟现实主题公园是什么？”众人一脸疑惑。

“在虚拟现实主题公园，人们可以通过佩戴不同的设备参与虚拟演唱会、虚拟游戏。每个游客既可以体验个性化的互动探索历程，也可以体验主街或者广场集体欢庆的社交。”

“现在我给大家播放一段虚拟演唱会的视频。”

只见小羽走进全息影房，全息投影机立即启动。小羽用电子货币购票后，按照虚拟服务员的提示将网络调至“G +”模式，连线了一同追星的朋友们。

全息场景打开了，舞台布置得闪闪发光，小伙伴们的身影就在旁边。下一个镜头出现了观众们的欢呼以及动听的背景音乐，在大家眼前展现的是最流行的偶像团队。在主持人的介绍下，演唱会正式开始了。

全息偶像终于出场了，表演中他随时换装演出，为舞台增添了不少独特的色彩，3D 环绕音质让大家沉浸在现场。随后是互动环节，全息偶像突破了空间限制，走到台下和小羽握手。

“虽然这是虚拟偶像，但是我的指尖能够真实地感觉到他掌心的温度，虽然同时也有数百万的观众和他互动，但这丝毫不影响我的互动。”

郭教授向高教授伸出了大拇指，高教授则边笑边鼓掌。

科学情报

虚拟现实增强技术是一种实时计算摄影机影像位置及角度并加上相应图像、视频、3D 模型的技术。它可以在屏幕上把虚拟世界套在现实世界并进行互动，能够把在现实世界的一定时间空间范围内很难体验到的实体信息（视觉、听觉、味道、触觉等）通过模拟仿真后叠加使人类感知，从而达到超越现实的感官体验。

人造天空

器材

玻璃缸、水、泥沙、搅拌棒、手电筒。

试验步骤

①将玻璃缸装入 2/3 的水，并放入泥沙，搅拌浑浊。

②将手电光沿水平方向向玻璃缸一端进行照射。观察水的颜色。

实验现象

将手电光沿水平方向向玻璃缸一端进行照射，可以看到浑浊的水变得有点蓝。隔着玻璃缸从另一端通过水看手电筒，会看到一只红灯，好似一轮红日。

实验原理

光是由七种颜色组成的，即红、橙、黄、绿、蓝、靛、紫。而光线通过浑浊的水或空气时，其中的青蓝色光很容易被微粒向四周散射。这样，我们就看到玻璃缸成了蓝色的“天空”。自然界中天空的蓝色也是这样形成的，只不过把水换成了空气，把手电筒换成了太阳而已。

火星旅游开发

时空记录

地点：火星基地

天气：-39℃，基地内温度 25℃

队员们的学习期接近尾声了，很快就要返回地球了。为了留下更多的纪念，队员们一起设计了未来的火星旅游。

请看看队员们共同设计的方案。

随着航天技术的进步，火星旅游也成熟了。由于运力有限，火星旅游公司每年的名额是有限的，而且价格高达 1000 万美元每人次，但是人们仍然趋之若鹜。火星旅游也不是有钱就可以去的，患有某些生理疾病比如心脏疾病、身体畸形、听力问题、视力问题、血液病、呼吸和消化问题、糖尿病和痛风等新陈代谢疾病、甲状腺疾病和肾脏疾病或者患有某些社交障碍的人员是不被允许参加火星旅游的。另外，孕期妇女也不可以进入太空。

因为星际旅行对人员身体素质有很高的要求，所以要进行行前筛查。

太空飞行条件下，你会经历突然地加速或减速。长时间处于极限加速或减速状态可能导致相当严重的后果，包括昏厥、脊柱骨折、视力损坏、失明、动脉瘤（血管凸起）、整个循环系统尤其是心脏系统的损伤等等。

通过筛查以后，还要经过 3-6 个月的学习，只有学习合格了才能参加火星旅游。

基本训练从课堂和书本开始，你将会学习到太空经历的事情。

接下来你还会参加大量模拟训练，差不多涉及太空经历的所有方面。

太空舱模拟训练中，你会体验到极限加速度、微重力、低气压、宇航服、进舱和出舱、全身式安全带（豪华的座椅安全带）的挑战，还要学会在微重力下吃饭、喝水、上厕所以及处理各种突发情况。

对于各种高科技设备比如发射车、登陆车、空间站、火星居住地设备的使用，不要求完全精通，但是要达到利用手册可以操作的程度。

在这些模拟训练里，你会经历各种各样的日常情境和紧急情境。例如，假设航天器被陨石击穿，造成空气泄漏，你该做什么？按照什么顺序做？你不但要知道该做什么，还要知道如何进行有效的沟通，如何与他人合作，如何在容易诱发恐慌的情况下保持冷静。

经过上述层层选拔和训练，你终于合格了，现在可以搭乘飞船飞向遥远的红色星球了。

上天之后，你要面对头晕、剧烈眼部运动、体液重新分布、消化困扰、与地球不同的取物方式、增高等情况，还要学会调整身体以适应微重力、不同于地球的昼夜节律、失眠干扰等。

飞往火星需要3–6个月。在这期间除了看看窗外，娱乐也不多，如果觉得无聊可以申请进入“冬眠”，等到达火星再被唤醒。

经过漫长的飞行终于来到了火星附近。

火星有些景象非常壮观，在地球是看不到的。下面我们来看一看吧。

奥林帕斯山高约2.6万米，相当于珠穆朗玛峰高度的3倍，是太阳系中已知的最高火山。

科罗廖夫陨石坑冰湖是一个位于火星北极地区科罗廖夫撞击坑

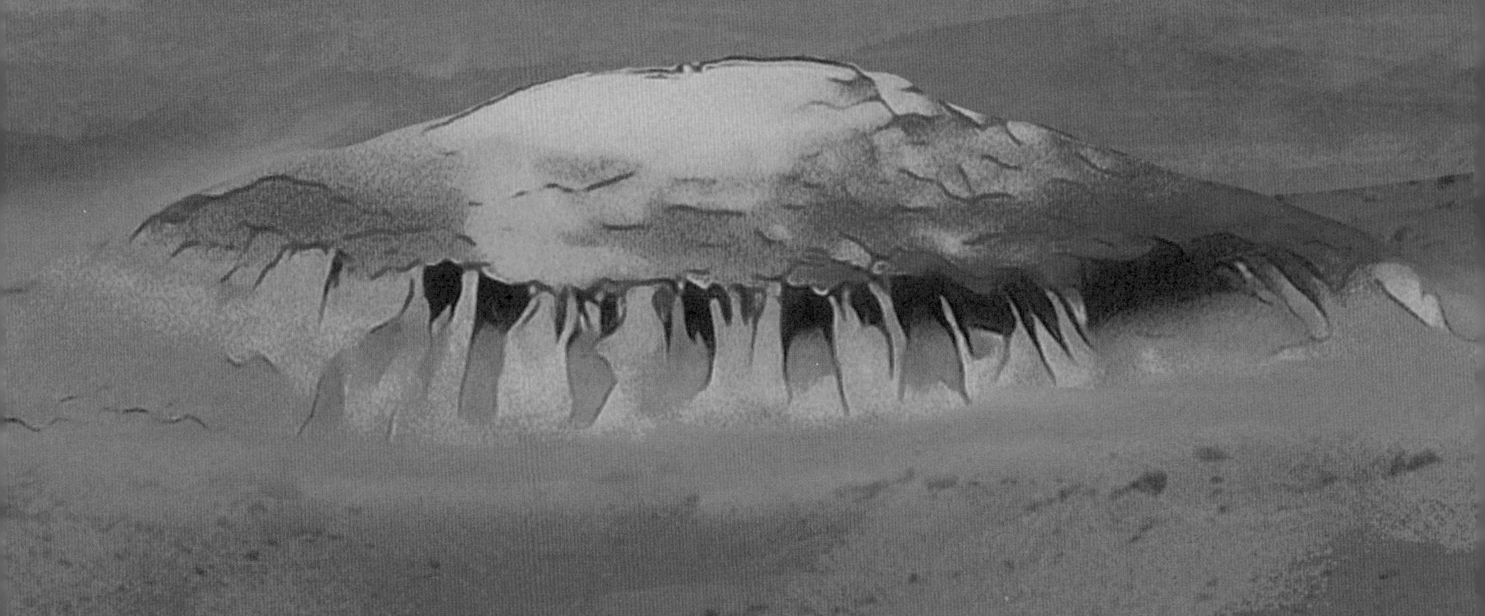

奥林帕斯山

（Korolev Crater）中的冰冻湖泊，宽约 80 公里，厚度 2 公里，里面至少有 2200 立方公里的干冰和水冰。你可以体验一下火星滑冰。

和地球一样，火星上也能看到日出日落。由于火星距离太阳更远，火星上看到的太阳会比地球上的小。在自转周期相差不多的前提下，火星上的日出、日落时间也显得更短。在火星表面，日出、日落持续时间只有 80 秒，需要提前准备好相机，及时按下快门。而且，火星表面看到的日出不是暖红色，而是偏蓝色——因为火星与地球的散射不同。

当火卫一从太阳表面经过的时候，就会发生凌日（星体经过日面）：太阳表面上一个黑影快速划过，整个过程不到 1 分钟。如果没有提前计划，只是感觉太阳变暗了 20 秒左右。如果火星车想拍摄凌日过程，必须提前

科罗廖夫陨石坑冰湖

火星日落

计算好时间，把相机对准太阳，调整好曝光时间，尽可能地连续多张拍摄。

地月凌日的机会很难得：地球和月球，一大一小两个黑点从日面上划过，整个过程持续3个小时，这是在地球上无法见到的奇观。

如果想在火星陆地旅游，必须穿着起到特殊保护作用的宇航服。但是穿着宇航服走不了太远，如果想到远方，必须乘坐火星车。

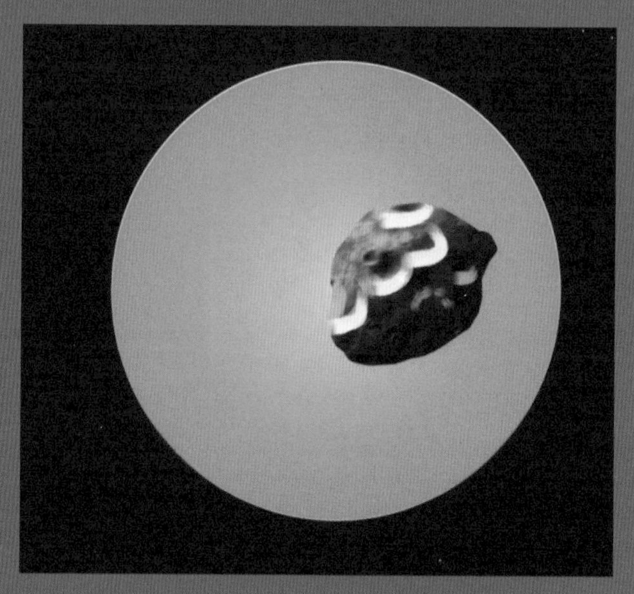
火卫一凌日

旅游火星车是密闭的，内部充有氧气和氮气，比例与地球上的空气接近，所以在车内可以不穿宇航服。这种火星车是模块化的，可以搭载不同的模块，包括起重机、机器手臂，它有足够的内部空间让人们在里面工作和休息，而且可以轻易地被拆解成几个部分，组成一个临时的火星居住舱。

火星车用的是内燃机，燃料是甲烷和氧气，这是因为火星车需要较大的功率，此外也有太阳能电池板发电。火星上经常发生的沙尘暴会使太阳能板的表面蒙上一层尘土，因此设计了静电除尘装置。

地月凌日

火星车的挡风玻璃具有特殊的形状，它可以保证宇航员在驾驶时拥有宽阔的视野，使他们在布满碎石的平原上也不至于迷失方向。

随车携带火星直升机。这款小型火星直升机重量约为 0.8 千克，翼片展开长度约为 1.5 米，为传统的旋翼式，顶部安装有旋翼翼片和太阳能板，使其在白天吸收太阳能以确保运行，夜间也不会因温度过低而损坏系统。

因为火星大气稀薄，旋翼转速比地球快，每分钟 2800 转。驾驶员通过直升机的摄像头可以看到较远的地方和障碍物背后的地形。

你将乘坐这样的车子在广袤的火星大地上疾驰，好好欣赏这美景！

科学情报

2001 年，美国企业家丹尼斯·提托搭乘俄罗斯宇航局的“联盟号”运载火箭登陆国际空间站，开创了太空旅游的先河。为了这次太空飞行提托花费了 2000 万美元。

2009 年，加拿大太阳马戏团的创始人盖·拉利伯特乘坐俄罗斯“联盟 TMA-16”载人飞船升空，飞往国际空间站，开始了为期 11 天的太空之旅。为了这次太空之旅，他支付了超过 5000 万美元的费用。

目前，太空旅游仍然是一个小众且昂贵的旅游项目。不过，随着航天技术的发展，相关费用会越来越低，将会有更多人尝试太空旅游。

实验基地

器材

火星地图、纸、卡纸、笔、胶泥。

步骤

①搜索并研读火星地图。

②制作火星表面地形图。

③在图上设计一条火星旅游的路线。

④与同伴交流，说出你这样设计的原因。

返回地球的日子到了。回望着这颗红色的星球，大家都依依不舍，但是一想到能回到那颗蓝色的星球，回到温暖的家，大伙又开心起来了。小凯的笔记本里储存了大量的资料，他心里默默地想："未来，这里一定会变得和地球一样温馨！"